AF474742

FERNAND DE LA MORANDIÈRE

ESPAGNE-MAROC-PORTUGAL

1883

PARIS
IMPRIMERIE TOLMER ET Cie
3, RUE MADAME.

1883

A l'ami Grenechy, avec mille remerciements. Le Roy.

Juillet 83

ESPAGNE-MAROC-PORTUGAL

FERNAND DE LA MORANDIÈRE

ESPAGNE-MAROC-PORTUGAL

1883

PARIS
IMPRIMERIE TOLMER ET Cie
3, RUE MADAME.

1883

ESPAGNE. MAROC. PORTUGAL

Barcelone, dimanche 12 mars 1882.

Il faut que je commence ici, chère Amie, mon petit journal, car, pour si peu que nous ayions déjà tâté de « l'Ibérie », comme on dit dans le *Tribut de Zamora*, j'ai déjà plus d'une bonne remarque à consigner, qui serait perdue pour la postérité, si j'attendais; ma mémoire est un peu courte et c'est d'ailleurs, en voyage, chose si répugnante d'écrire, qu'il est besoin d'en prendre le pli dès la première étape.

Nous avions quitté Paris par un beau soir d'hiver; nous nous sommes réveillés à Valence par une ravissante matinée de printemps. La sève était partout: amandiers et pêchers avaient non-seulement des fleurs, mais aussi des feuilles; les iris s'épanouissaient au soleil: c'était charmant de surprise. Aimable Midi, tant calomnié de ceux qui ne savent pas le comprendre! Ce m'a été une vraie fête de revoir le Ventoux neigeux, les platanes mutilés, les ifs noirs, les palissades de roseaux, les bastides et les bastidons, Avignon, son château, ses murailles, sa gare qui jadis, lorsque nous habitions les Alpes, était pour nous comme le seuil de la France, et Tarascon, et Beaucaire, et Nîmes, et ce point du trajet où, certain jour d'orage, nous pensâmes, vous en souvient-il, rendre au Seigneur nos belles âmes piteusement noyées dans leur wagon, et Montpellier où je vous laissai tant de fois, le cœur si gros, et puis les Étangs de Thau, enfin Cette et Narbonne où s'embranche la ligne de Perpignan. C'est un beau pays que le Roussillon, et j'avoue que je ne m'y attendais guère. La voie côtoie longtemps deux ou trois lacs très pittoresques, sur une chaussée que la mer vient parfois baigner du côté opposé. Nous avons joui là d'un coucher de soleil d'une splendeur vraiment merveilleuse : les montagnes, le Canigou poudré à blanc, les eaux, la Méditerranée, tout était doucement embrasé et cet enchantement d'opal dura bien trois quarts d'heure.

Perpignan a déjà beaucoup le cachet espagnol : rues fort étroites et sombres, au demeurant assez propres, balcons partout, boutiques rudimentaires, volets verts, tons crus et criards, du mouvement, une rivière pour rire enchâssée de quais, mais à qui l'on a, pour qu'elle paraisse plus large, laissé deux berges gazonnées ; un vieux château tout en briques, des boulevards poudreux, une cathédrale obscure dont la nef unique est superbe, une fontaine d'eau tiède où des douzaines de femmes attendent, en *potinant*, que les autres cruches soient lentement remplies, un dîner passable et un bon lit dont j'avais grand besoin : voilà tout ce qui me reste en tête de la patrie des Arago. Ah ! encore ceci : les femmes y ont le nez fin et droit, et les hommes y paraissent d'une surprenante urbanité. J'encombrais, en dessinaillant, la porte d'un citoyen ; elle s'ouvre, il sort, je me range et reprends ma place ; il fait vingt pas et revient droit sur moi ; je pensai qu'il m'allait inviter à déguerpir. Nullement ; ce digne homme me venait presser de monter dans sa maison, d'où j'aurais un *point de vue* tout à fait favorable. La veille déjà nous avions eu d'autres occasions de constater que cette race méridionale est obligeante au *forestier*.

Donc, hier matin, vers dix heures, après vous avoir télégraphié de nos nouvelles, nous avons pris le chemin de Cerbère, magnifique corniche découpée, tourmentée, dominée par les Corbières à droite, et dominant à gauche une suite de criques, de baies, de havres et de ports, comme Collioures et Port-Vendres, où l'on a cent fois l'occasion de se pâmer.

La frontière et la douane franchies, on quitte trop tôt la côte, mais nous entrons dans une série d'agréables vallées, avec des plis de terrain couverts de chênes-lièges et de pins parasols, et dans le fond une chaîne de montagnes bien découpées que la neige éclaire par morceaux.

Nous passons au pied de Gérone curieusement étagé en amphithéâtre.

La température est très élevée. L'ami Henry bout, fond et s'éponge; il est vrai qu'aux stations principales il ne manque pas de s'abreuver largement et qu'il provoque ainsi cette moiteur précoce. Il tire de son sac quantité d'exquises petites choses, goûte à tout ce qui se vend aux arrêts du train, adore la cannelle et apprécie non moins les amandes sucrées, dites *Alendras de Arenys*, dont un hidalgo a fait provision et nous fait largesse. Vous savez l'activité normale de mon compagnon, elle se donne ici toute carrière: je la respecte sans l'imiter; de temps en temps nous causons avec bon sens; nous admirons les deux *guardias civiles*, lisez gendarmes, qui, coquets, lustrés, guêtrés, cirés et musqués, font réglementairement partie du convoi, à seule fin de tenir les brigands à distance; nous retrouvons, vers la chute du jour, le littoral que la ligne suit jusque dans le sable de la plage et nous faisons, vers huit heures, une assez brillante entrée dans la royale *ciudad de Barcelona*. Un certain vicomte Jules de L.., entrevu à Perpignan, et qui court l'Espagne pour son commerce, a bien voulu, nous précédant, se charger de retenir deux bonnes chambres à l'hôtel Falcon pour *El señor Barone*. C'est tout ce qu'il a retenu du nom qu'Henry lui a donné, et c'est ce que les agents de la susdite *Fonda*, envoyés à notre rencontre, s'en vont criant à tue-tête de wagon en wagon. Les titres font le bonheur des aubergistes et ajoutent à l'ampleur de leurs notes. Nous roulions tout au long de *la Rambla*, quand cette vérité fut formulée et consentie.

La Rambla! le cœur de Barcelone. Long boulevard, formé de deux chaussées pavées et d'un terre-plein entre elles, ombragé de platanes; là-dessus un va-et-vient, une animation, une flânerie, des voyous, des gens chics, des filles du peuple, le foulard en fanchon sur la tête et le buste enveloppé d'un châle, des femmes du monde élégamment voilées et parodiant, hélas! trop volontiers les modes parisiennes, de beaux officiers ridicules, des marchands de journaux et de bonne aventure, des fleuristes aux étalages brillants, des oiseliers avec leurs cages, ah! quelle vie, quel bruit, quelle poussée, mes chers amis! Ce tantôt surtout, à l'issue de la messe fashionnable de midi à *San Jaime, calle de Fernando*, c'était un paroxysme de grouillement. L'usage veut que toutes les belles, après s'y être dévotement confites, viennent une heure durant, à la Rambla, le bréviaire en main, travailler à damner leur prochain. Beaucoup étaient jolies de celles que nous avons vues, il ne me coûte rien d'en convenir, mais bien peu avaient cette désinvolture, ce *menco* vainqueur qui devraient achever leurs victimes. Nous en sommes donc sortis indemnes. Il est probable que nous reverrons une partie de ce gentil monde ce soir, au Parc, où se donne la musique.

Celle qui nous a réveillés ce matin, sur la pointe de six heures, était assez originale ; de ce moment jusques vers neuf heures, Barcelone est livrée aux bêtes ; chèvres, biques et biquetons, ânes, ânesses et ânons, se livrent par les rues à des cavalcades insensées, avec agrément de sonnettes, grelots et campanelles de toutes sonorités. Quoi! direz-vous, tant de poitrines délicates, tant de constitutions délabrées ! Ce serait navrant en effet, si ce n'était invraisemblable, et j'aime mieux croire à quelque raffinement de gourmandise particulier à ces gens-ci.

Dès la prime, nous visitions le marché aux fleurs, puis le grand marché aux légumes, dont plusieurs m'étaient inconnus, et prenions tout près de là, dans une église en bordure de la Rambla, ce qui se pourrait appeler « la messe des cuisinières. » Toutes les femmes, en effet, y avaient leur panier plein de choux et de tomates, agenouillé près d'elles. Très grand recueillement d'ailleurs dans toute cette assistance accroupie, et des signes de croix nerveux, à n'en plus finir, avec baisement obligatoire de l'ongle du pouce droit.

J'y ai cueilli ma première puce. C'est une enfant qui sait mal son métier. L'innocente se promène dans mes langes, sans oser risquer les hostilités. J'essayerai d'interrompre ce soir, par un meurtre, cette existence encore pure.

En vous quittant, je vais retourner à la cathédrale dont je suis fort épris : vieux temple de plusieurs époques, noir comme un four, haut perché sur de minces colonnes d'une pierre foncée et si fine qu'on dirait du marbre, belles grilles, belles stalles ; un chanoine tonitruant est en chaire et foudroie quelques centaines d'ouailles dont les formes sont à peine perceptibles ; dans une chapelle annexe, le corps de San-Olaguer, martyrisé au XIIe siècle et d'une étonnante conservation, s'expose à la vénération publique; cette vue m'a rappelé les Capucini de Palerme ; le lieu est étroit et étouffant ; les fidèles s'y empilent en extase; je perçois des « *Ahi! pobret!* » cent fois répétés, je mets mon obole dans une assiette et je cède la place à d'autres. L'aile droite du transsept donne sur un cloître délicieux, encadré de chapelles où de riches rétables du XVe, sur fond d'or m'ont longtemps retenu ; le centre en est gazonné avec deux hauts bassins, jets d'eau et palmiers magnifiques ; tout à l'entour, des ruelles, des placettes, des églises abandonnées, des campaniles, un vieux palais carré à logettes encorbellées, un autre avec un rêve de jardin suspendu ! C'est là mon coin ; j'ai laissé Henry gagner seul *Gracia*, une sorte de faubourg à la manière d'Auteuil, et Barcelonnette qui n'est qu'un vaste dock, de l'autre côté du port ; je m'en vais, moi, retourner aux ruelles du bon vieux temps.

Un amusant détail que j'oubliais : la cathédrale possède un buffet d'orgues, richement sculpté et terminé à la base par un chapelet de pendentifs. Or, le motif central celui qui tire l'œil, est une grosse tête de Sarrazin, peinte au naturel, roulant des yeux terribles et laissant pendre dans le vide une barbe de vrais crins, longue à humilier le Moïse de Michel-Ange ; curieux vestige, n'est-ce pas ? de l'antique haine des Espagnols contre les Maures.

Dimanche soir. — Le jardin public, *el Paseo*, est fort joli et planté d'essences rares — à nos yeux du moins On y achève un château d'eau monumental. Des massifs d'eucalyptus très élevés s'y voient de toutes parts : une allée de voitures le contourne et, à l'heure où nous y fûmes, la gentry barcelonaise y faisait étalage de voitures et de chevaux. Nous avons remarqué une douzaine de charmantes bêtes chez qui le sang arabe était manifeste, et aussi quelques belles personnes à l'air digne.

Au retour, dans une place voisine du Municipio, un charlatan très convaincu faisait dire la bonne aventure aux badauds par cinq ou six petits serins verts qui sortaient de leur cage à son appel, et s'en allaient, le minois grave, piquer du bec et tirer du casier la feuille verte ou bleue contenant la destinée de chacun. Je me suis un instant intéressé à ce spectacle naïf. D'aucuns, je me figure, y venaient chercher des inspirations de loterie, car cette institution paraît ici en grande faveur et prospérité.

Nous avons revu la cathédrale qui, vers cinq heures et demie, était d'une *sombreur* fantastique. Près de la Plaza del Rey, entre une façade gothique et une église en ruines, se dresse cette étrange et saisissante machine à sept étages qui fut le *Palais de l'Inquisition*. Rien à voir dedans, mais quelle tournure ! Cela sent encore le roussi.

Las Casas Consistoriales, qui hébergent à la fois les Archives et le Tribunal, enferment un *patio* merveilleux et deux cours au premier étage, plantées d'orangers séculaires, avec arcades, bassins et plates-bandes encaissées de faïences, qui m'ont donné un avant-goût du Generalife.

Il est neuf heures ; les tintements et grelottements des chèvres et ânesses ont recommencé de plus belle ; décidément, la dominante de cette ville est le mouvement et le bruit : enfermés dans ses fortifications, ses 220,000 habitants n'ont qu'un espace restreint où se répandre et envahissent tout : la nuit même n'amène point le silence, car les *serenos* n'y cessent de crier l'heure et le temps qu'il fait. — Le temps ? admirable ; une température de juin, fin juin. Hier déjà, nous voyions partout les vignes en feuilles, les haricots, les lupins en fleurs, les pommes de terre très développées. Il y a bien deux mois d'avance sur la région de Nantes ou de Paris. — Ne nous a-t-on pas dit, à Perpignan, qu'il n'y avait pas plu depuis quatorze mois ? Pauvres marchands de parapluies !

Nous partons demain pour Tarragone, où nous coucherons, et serons mardi soir à Valence...

Valence, 15 mars, matin.

Nous n'avons, lundi, quitté Barcelone que vers deux heures après midi et je n'ai pas besoin de vous dire, chers Amis, que notre matinée avait été bien remplie. Nous avions visité à fond le Palais de Justice et la Députation qui ne sont qu'un seul et même bâtiment, *las casas Consistoriales*, dont je vous ai déjà touché deux mots. Des cours ravissantes, des salles meublées et décorées comme au temps de Philippe II ; quelques belles peintures archaïques, un immense tableau de Fortuny, la *Prise de Tetuan*, très intéressant bien qu'inachevé dans quelques parties, des plafonds d'un étonnant relief ; tout cela nous avait charmés, mais pas plus que les ajustements bariolés des plaideurs, ruraux pour la plupart, qui s'agitaient dans la cour principale. Un des côtés de cette cour est occupé par un large escalier d'une seule rampe, débouchant dans une galerie circulaire dont les colonnettes sont des miracles de fragilité : le tout du plus pur XVIe.

J'avais eu le temps aussi de traverser une dernière fois la cathédrale, de croquer en passant la Plaza del Rey, vraiment très curieuse, et de gagner par la *Calle de la Plateria*, tout allumée d'orfèvreries, l'église *Santa Maria de la Paz*, où se faisaient les obsèques d'un prêtre : une coupe d'or était placée sur le cercueil avec ses ornements pontificaux,

Nous avions parcouru le quartier des marins, vu la célèbre *muraille de la mer* qui n'est, à cette heure, qu'une promenade très poussiéreuse en bordure du port; nous avions contemplé le Mont-Juich qui la domine, jeté un coup d'œil sur la façade gothique de l'Hôpital Civil; nous n'avions plus qu'à partir et nous sommes partis, souhaitant que chacune de nos haltes futures nous laisse une impression aussi agréable.

For shame! j'ai passé sans vous en rien dire, sur la *Capilla* du Palais de Justice, si galamment vêtue de tapisseries florentines où plusieurs figures, et surtout une grande femme à genoux et vue de dos, m'ont fait penser à Raphaël, à ses cartons, à *la Transfiguration!* Mais le trésor de cette chapelle c'est la grande armoire de la sacristie, où s'étalent trois ou quatre ornements brodés à personnages, d'une finesse d'exécution et d'un esprit surprenants; c'est, par-dessus toute chose, le grand devant d'autel représentant Saint Georges, la Reine, le Dragon et les Notables témoins du combat : un pur chef-d'œuvre, traité avec des reliefs puissants et dont les moindres détails, figures, armes, mains, costumes, transportent, à la lettre, d'admiration. Je n'ai, de ma vie, rien vu d'aussi beau, ni même rien d'approchant, en cette manière. Les bons notables, levant les bras et s'exclamant du haut de leurs remparts, sont tout aussi merveilleux de variété, de finesse et d'expression que les « *Donneurs de Sérénade* » de Leloir, aux Aquarellistes. Et notez que pas un guide, que pas une relation ne font mention de ce *capo d'opera* auquel Cluny n'a rien à opposer qui vaille.

Les chemins de fer espagnols ne sont pas complaisants, ils partent rarement et marchent à la tortue. Pour aller de Barcelone à Valence, nous n'avions qu'à choisir entre une nuit complète de wagon, sans aucune vue du pays, et une couchée à Tarragone avec départ au lendemain matin. C'est à cette solution que nous nous sommes arrêtés et les beautés de la route nous en ont récompensés. Très varié, ce trajet : ici de larges vallées d'une grande richesse et d'une culture soignée; là des terrains brûlés, tout rouges, ou jaune d'or ou pain d'épices, avec des bouquets de hauts parasols à l'italienne; ou bien encore des gorges sauvages au travers de forts massifs montagneux, le tout déchiqueté par des torrents sans eau, ou des rivières assoiffées dont les lits servent le plus souvent de grandes routes aux charretiers.

De loin en loin quelques villages, quelques petites villes très chaudes de ton où les terrasses commencent à remplacer les toits, des palmiers, des villas construites en carré comme des forteresses, mais toutes blanches ou roses, des plantations d'*algorrobos*, sorte de caroubier d'un riche feuillage et qui n'est point un végétal ordinaire. Cet arbre, de la taille d'un beau prunier, fort touffu, vert noir, ne consent à pousser qu'à la condition de voir la mer. S'il est planté dans un pli de terrain et que sa cime au moins n'aperçoive pas le flot bleu, il végète pauvrement et meurt jeune. Son fruit est une fève longue de 20 centimètres environ, qui ne se cueille, en septembre, qu'alors que les gousses nouvelles ont poussé. Les vieilles sont, à ce moment, desséchées et toutes noires. On frappe aux branches à coups de gaule; les mûres tombent et les autres supportent le choc sans en souffrir, étant d'humeur très résistante. J'en ai demandé deux à un arriero, dans une station, et les ai goûtées, car on m'assurait que les gens en sont presque aussi friands que les bêtes. Cela exhale une odeur résineuse fort déplaisante, mais c'est doux, vanillé et d'une saveur assez agréable. On ne saurait, parait-il, donner aux chevaux de nourriture plus substantielle.

Les Espagnols me semblent volontiers causeurs; beaucoup, dans la classe aisée, savent peu ou prou de français et ceux que nous approchons se prêtent de fort bonne grâce à nos interminables questions. Dans cette traite de Barcelone à Tarragone, nous nous sommes épanchés avec le marquis de M***, dont le palais se voit dans cette dernière ville, et qui, s'étant pris de grande tendresse à notre endroit, nous y voulait retenir pour nous en montrer tous les moellons. Tarragone présente, en effet, de curieuses murailles cyclopéennes, sur lesquelles les Romains, puis les Goths, puis les Arabes sont venus bâtir les uns après les autres, en sorte qu'on a là de quoi se faire un cours de maçonnerie comparée.

Un coup d'œil général à la cité qui est toute en pente et raide en diable, un coup de pied à ses deux Ramblas, dont la nouvelle, la *Rambla Jaime*, domine à l'une de ses extrémités le port, la côte et la mer, et je me suis rabattu sur les vraies beautés de Tarragone : sa cathédrale et son cloître. Superbes, les trois portails, richement sculptés, beau XVe, avec des grands saints de belle allure; superbe aussi l'intérieur, hautes voûtes, couleur ambrée et sombre. Vous avez, chère Amie, glissé dans mon bagage un petit livre de messe. J'ai le regret de penser que je ne m'en servirai probablement point, et la raison c'est que les temples espagnols sont si noirs, si fours, qu'il est parfaitement impossible d'y rien lire.

Ils affectent tous une disposition singulière. On entre : on trouve une travée libre, puis une clôture, sorte de jubé plus ou moins orné qui intercepte entièrement la nef centrale ; on appelle cela le *trascoro*, et le *coro*, le chœur des chanoines et des chantres, occupe toute la nef, depuis le *trascoro* jusqu'au transsept, formant ainsi, au milieu de l'église, une chapelle close de trois côtés, ouverte seulement du côté de l'autel. Le transsept est abandonné aux assistants qui s'y entassent accroupis sur des nattes, tournant le dos audit *coro*, aux stalles, au lutrin, à la chaire pour regarder l'autel qui tient sa place accoutumée. Cet espace limité est pourtant suffisant, parce qu'il y a tant d'églises que la foule ne saurait être grande dans chacune d'elles. Mais j'ai constaté ce matin même, *à la cathédrale de Valence*, un raffinement assez désobligeant. Imaginez-vous que de la grille du *coro* à celle de la *capilla mayor* qui renferme l'autel, deux barrières de cuivre bien scellées forment un couloir qui facilite peut-être les communications et les cérémonies, mais qui fait que, d'un bout de l'église à l'autre, le bon public ne peut traverser. C'est agaçant au dernier point, sans compter que, grâce à ce bel arrangement, il est impossible à l'œil de saisir l'aspect général de l'édifice. Je ne saurais m'y faire et j'en éprouve à chaque fois autant d'ennui que de regret. — Cependant, en y réfléchissant un peu, ce n'est pas chose trop illogique. Aux siècles de simplicité et de foi, le peuple chantait les répons au célébrant ; plus tard le chantre fut inventé qui se mêlait aux fidèles pour les diriger et les suppléer au besoin ; puis les offices se multipliant, les rites devenant plus compliqués, l'on trouva que le contact du public était gênant, et l'on se fit une enceinte réservée au milieu de lui, et l'on finit par se bien enfermer de pierres, de boiseries et de fer.

Sur la droite du Trascoro de Tarragone s'élève un tombeau de Jaime Ier roi d'Aragon, en fin marbre d'un blanc doré, de la plus charmante Renaissance, traité dans la façon du petit mausolée de Tours et de ceux des Carmes à Nantes.

Le cloître joint à l'Église est admirable, grand, pourvu de colonnettes délicates avec les plus beaux chapiteaux à feuillages et à personnages que le XVe siècle ait engendrés ; le tout en marbre, planté à l'intérieur d'ifs séculaires, de citronniers, de caoutchoucs et de lauriers de poète gros comme nos chênes, revêtu sur plusieurs de ses murailles de stèles, de bas reliefs romains d'une grande perfection, offrant ailleurs des chapelles aux grilles ouvragées à miracle et des retombées de voûte tout à fait fantaisistes avec des culs-de-lampe qui vaudraient tous d'être dessinés. Certains d'entre eux représentent des éléphants, des chameaux, des tapirs, braves animaux qu'on est peu habitué à voir ainsi reproduits : C'est un ensemble qui m'a surpris et extasié.

J'en suis sorti en soupirant : j'ai retraversé le temple, considéré ses chanoines dont les costumes, changeant avec chaque cathédrale, m'ont un peu rappelé ceux qu'on voit à Rome, et donnant un dernier regard aux belles façades terre de sienne de ce remarquable monument, j'ai descendu lentement le haut escalier et la *casbah* qui le mettent en communication avec la ville étagée à ses pieds.

De Tarragone à Valence la route est au moins aussi variée que celle que nous avions suivie jusque là. Mais il faut d'abord que je vous narre une rencontre que nous venions de faire.

La veille au soir, dans la salle à manger de la *Fonda de Francia*, nous avions remarqué un jeune ménage, lui bel homme, solide, l'air énergique et bon enfant ; elle, blonde, jolie, bien arrangée avec quelque chose d'anglais ; en y prenant garde, j'avais cru reconnaître une jeune fille, excellente musicienne que, jadis, à Vichy, nous allions parfois, dans l'après-midi, entendre chanter avec Mlles de V. Leur nom demandé à l'aubergiste. il m'avait repondu : « *Baron et Baronne d'A.* » C'était bien cela et je savais qu'elle s'était mariée depuis deux ou trois ans.

Or, hier matin, je me trouvai à la gare de Tarragone face à face avec elle. Reconnaissance. Son mari survient ; présentation. Henry nous rejoint, je le présente et nous montons tous quatre dans le même compartiment. Nous n'avions, au reste, pas le choix, car cette ligne de Tarragone à Valence et Almanza appartient en pleine propriété au richissime marquis de Campo, qui use de son monopole pour faire un service économique et inconfortable : C'est ainsi qu'il n'y avait à notre train qu'un seul wagon de 1re classe dont les autres compartiments étaient pris l'un par les fumeurs, l'autre par les *señoritas solas*.

Donc nous commençons à bavarder, deux par deux à chaque portière, Henry avec Mme d'A., moi avec son époux, gai compagnon, plein d'entrain, tout d'une pièce, très du monde, et lié avec L. B. avec M. avec L., et plusieurs autres de mes amis. C'est le frère de ce peintre amateur dont Robert vous avait si bien dit le tableau à l'aventure, un jour que vous mîtes à l'épreuve sa connaissance approfondie du Salon. Et j'entendais Henry qui contait à la Dame, notre intimité, notre vie de campagne, sa belle forêt, nos chasses, le mariage et les espérance de sa fille, et elle qui lui répondait par son cher petit Jacques, par leurs voyages, que son mari a un yacht et qu'ils y passent une bonne partie de leur temps. Bref, nous en étions aux grandes confidences, nous avions ensemble considéré les murailles rousses et pittoresques de Tortosa, les flots gris jaune de l'Ebre, des plateaux dénudés et des pentes pierreuses, jonchées de palmiers nains comme ceux que vous arrosez avec tant de soin, et les beaux profils d'une sierra quelconque qui tenait notre main droite ; nous avions partagé des oranges qu'à chaque station les femmes et les enfants offrent aux voyageurs en belles branchées de dix ou douze pour un sol etc, quand nous nous arrêtâmes un quart d'heure — vers le soir — à Castellon de la Plana.

Nous avions grand besoin de nous dérouiller un peu les jambes : nous voilà sur le quai, arpentant ledit sous les regards curieux des gens huppés de Castellon, qui font chaque jour la partie de venir au train de cinq heures. Notre jeune compag ,e produisait évidemment un effet assez satisfaisant pour l'amour propre national. Un coup de cloche. Nous nous rapprochons de notre voiture dont la portière est demeuré ouverte, et nous arrêtons devant quelques costumes de paysans picaresques. Tout à coup un galonné s'avance vivement vers nous, m'écarte, saisit la portière et la ferme. Je veux l'en empêcher : « Nous montons, dis-je. — *Se marchia* », répond-il d'un air bête et brutal ! Cela voulait dire *on part*, et en effet le train s'ébranle. « Vite, vite, criè-je, vite, madame ! ». Mais elle n'ose pas, bien que le mouvement soit encore assez lent ; son mari la retient, c'est plus prudent, Henry ouvre et saute, je le suis et nous filons, laissant ces deux malheureux sur le quai, sans bagages, sans argent peut-être, et sans un train à prendre avant treize heures de là !

A-t-on idée, dites-moi, de pareils animaux ! Quoi, sans un mot, sans un avertissement, quand il est manifeste que nous sommes étrangers, quand nous montrons, par notre indifférence, que la signification de ce coup de cloche unique et rapide nous est inconnue, on nous rejette de notre wagon, on nous le ferme sous le nez malgré nos protestations et l'on part. et l'on sait que nous allons rester là un bon bout de temps dans un dénûement complet ! Et cela est le fait non seulement d'un chef de gare, grossier et obtus comme sa consigne, mais de ces 80 ou 100 hidalgos et hidalgas qui nous entourent à nous toucher et dont pas un, courtoisement, ne nous dirait : « Montez, c'est l'heure ! » Les sauvages! Au moins devez-vous croire, que le train, une fois parti, quelque un de ces colonels, de ces officiers fringants aura tiré les oreilles à l'employé pour lui apprendre la bienséance, ou que quelque señora, touchée des larmes que le dépit arrache à Mme d'A., lui sera venue offrir ses bons offices. Ah bien oui! tous ces Hurons mâles et femelles se sont crevés de rire, paraît-il, vingt minutes durant et doivent en rire encore. et Castellon en rira longtemps. Pensez donc! on n'a pas souvent à Castellon quelque chose d'aussi réjouissant à se mettre sous la dent! Quant au chef de gare, qu'A. voulait d'abord étrangler, il s'est confondu en platitudes écœurantes et a fini par conduire ses deux victimes dans un hôtel dont il répondait. Comprenez que le digne homme a une petite remise de l'aubergiste toutes les fois qu'il peut faire manquer le train à quelque *traveller* naïf ou distrait.

Nos pauvres gens, après une nuit horrible, sont arrivés ce matin, vers neuf heures. Nous avons déjeuné et diné ensemble. Ils font, quant à présent, la même route que nous et, demain, nous partons de conserve pour Alicante, Elche, Orihuela et Murcie, où j'espère bien trouver de vos nouvelles à tous.

Il me revient qu'il est fort heureux que nous ayions pu, Henry et moi, remonter dans ce wagon en marche. Une partie de nos bagages, nos plaids, nos nécessaires et les bijoux de la baronne, se trouvaient dans le filet ou sur les banquettes, et si tout cela était arrivé sans nous à Valence, Dieu sait ce qu'il en serait advenu.

Ma première tournée dans Valence ne m'a pas énormément séduit. Les monuments y sont rares. La cathédrale est du XVIIe siècle, vaste mais fort médiocre; sa tour, si chantée du *Miquelete*, n'a pas grand caractère; seule, la porte d'honneur, revêtue de cuivres repoussés avec des dessins de Bérain, m'a un moment amusé. Du sommet de la tour, on aperçoit toute la *huerta* de Valence; immense et riche jardin couvert d'orangers aux fruits d'or, dont nous avions la veille traversé une partie; l'horizon est fermé d'un côté par une chaîne de petites montagnes, de l'autre par la mer au bord de laquelle, à une lieue de la ville peut-être, s'endort le *Grao* qui lui sert de port. Les rues que nous suivions sont étroites, tortueuses, moins animées que celles de Barcelone, mais à la vérité plus colorées; les maisons portent toutes des balcons très saillants avec *tendidos*, ou des manières de logettes vitrées que l'on nomme *serros;* leurs murs sont peints à la détrempe, en bleu, en rose ou en jaune; il faut dire aussi que les costumes du peuple sont pleins d'originalité; ceux des hommes surtout, la tête liée d'un foulard, la poitrine nue, un gilet sans manches, pas de veste, une large ceinture rouge ou verte, des culottes noires, des bas gris ou blancs sans pieds et des espadrilles qui tiennent, comme les chaussures japonaises, par le pouce seulement, laissant la moitié du pied, les trois derniers doigts, en dehors de la semelle; et gardons d'oublier la longue couverture en grosse laine dans laquelle chaque échantillon du sexe laid, de quelque condition qu'il soit, se drape à sa fantaisie. Quant aux femmes, elles vont tête nue et se campent au chignon, par paires, à droite et à gauche, d'assez grosses épingles chargées de fausses pierres et de perles non moins fausses.

Ainsi recruté, le marché, que nous vîmes vers neuf heures ce matin, avait vraiment bien du cachet. Enfin, sur cette place de *Mercado* est un morceau fort intéressant, la *Lonja*, la Bourse de la soie, belle façade gothique, et grandissime salle coupée par huit longues colonnes fuselées, dont les cannelures s'épanouissent en nervures de voûtes d'un parti pris aussi étrange que plaisant. Mais c'était tout. Plusieurs églises avaient eu notre visite, toutes d'un goût douteux, surchargées d'ornements et d'où nous étions sortis mal satisfaits. Et pour m'achever, dans cet ordre d'architecture fâcheuse, j'ai sous les yeux, de la chambre où je vous écris, le palais extravagant du Marquis *de Dos Aguas* (des Deux Eaux) du propre descendant de Christophe Colomb, laquelle bâtisse est bien le spécimen le plus invraisemblable du rococo désordonné : toute la façade en marbre gris et pas vingt centimètres qui ne soient sculptés avec reliefs, rinceaux, bossages, rocailles, personnages de grandeur colossale, etc.

J'en étais donc en somme quelque peu désenchanté, de cette Valence tant vantée, quand, abandonnant mon compagnon qui voulait faire du kilomètre, j'ai, cetantôt, poussé seul, à travers certains quartiers pauvres, une pointe qui m'a vraiment donné beaucoup d'agrément.

D'abord j'ai découvert deux vieilles portes, *las puertas de Cuarte* et *de Serranos*, dont la première est gothique et encore toute trouée des boulets de Suchet (rien ne se répare en Espagne) ; l'autre, sarrazine, est tout bonnement admirable. C'est une large et haute construction, couleur d'ocre rouge superbe, dont la baie est ornée de moulures délicates et accostée de deux tours octogonales d'un très grand effet. J'avais, en laissant *la Puerta de Cuarte*, suivi le quai du Turria, et j'aperçus tout à coup cette belle silhouette entre les eucalyptus et les palmiers d'un square; j'en eus un éblouissement et ma satisfaction s'accrut encore à mesure que j'en approchai.

J'en ai fait deux dessins. Mais ce m'est, je vous assure, chose bien difficile de crayonner dans ce pays, pour deux causes : la première c'est que j'ai à peine le temps de bien voir et qu'il me faut toujours aller en avant; la seconde, c'est que l'attention des indigènes s'éveille extraordinairement dès que mon album sort de ma poche. J'aperçois alors des quatre coins cardinaux, de graves *caballeros* qui me rapprochent et qui, sans façon, s'en viennent à cinquante centimètres de ma barbe, jeter un long regard sur mes tristes croquis. Les *niños* et *niñas*, petits vauriens des deux sexes, infects et grouillants de vermine, sont d'un commerce plus désagréable encore; j'ai toutes les peines du monde à n'en être pas contaminé.

Et c'est ici le cas de s'arrêter un moment sur l'abondance et la variété de l'élément mendiant et estropié que renferme Valence. On y frôle de ces petits malingreux par milliers, manchots, béquillards, aveugles, tordus, bossus et le reste, qui vous sautent aux jambes avec des *Señorito!* des *Por Dios!* étourdissants. Vous vous rappelez les bandes *ejusdem farinæ* qui assaillaient notre voiture sur la route de Castellamare à Naples. Allez, c'est ici bien autre chose, et tous maléficiés par quelque côté. Il doit y avoir à Valence une fabrique d'estropiés pour les entrepreneurs de mendicité. Ne pas croire au reste que les *probrecitos* adultes fassent défaut, ni que leur tenacité et loquacité nasillarde soient moindres. L'agacement qu'on en reçoit arrive bien vite au paroxysme et on finit alors par où l'on aurait dû commencer, à savoir qu'on lève le bras et la canne d'un air courroucé et que toute cette pourriture insolente mais craintive, rentre dans ses pavés.

Ayant ainsi malaisément croqué *la Puerta de Serranos;* je me dirigeai, toujours par les quais, vers l'*Alamedo*, la promenade élégante, les Champs-Elysées du crû. Il faut, pour y atteindre, franchir le Turria et l'on n'a que l'embarras du choix entre les cinq ou six ponts qui traversent solennellement cette rivière improbable. Aujourd'hui plusieurs troupeaux de moutons y paissaient. J'ai noté que chacun de ces ponts présente à ses extrémités deux petits édicules habités par des saints de pierre; j'ai remarqué aussi une annexe assez particulière du plus important de tous : vers son milieu et dans le sens d'aval, un large escalier descend du parapet jusqu'à l'eau absente, par deux ou trois volées de belle allure. Je n'ai vu cela nulle autre part avant.

Il était cinq heures environ et les équipages arrivaient un à un à l'*Alameda*, assez bien tenus pour la plupart, même recherchés, mais peu agréables. On ne pratique en effet d'autre voiture ici que le petit omnibus à quatre ou à six places et les jolis chevaux qu'on y attèle sont d'un volume par trop insuffisant. Les belles valencianes, toutes en mantille, s'y prélassent noblement et passent sans regarder comme sans parler. Elles viennent incontestablement pour la seule fin d'être vues. L'*Alameda* est une longue allée droite, bordée d'un côté par le fleuve, de l'autre par des villas charmantes, noyées parmi les eucalyptus et les orangers ; son entrée est garnie de deux hauts pavillons à toits pointus, d'un aspect assez chinois. Les voitures en font le tour vingt ou trente fois, trottent dans un sens, vont le pas dans l'autre, puis, la démonstration achevée, rentrent dans la ville aux rues étroites et tortueuses. Je fis comme elles, avant elles, et m'en revins par une place ravissante, *la Glorietta*, toute ombragée de grands pins et de palmiers, et sur laquelle un fort beau palais, qu'habita jadis Philippe II, recèle à présent la fabrique de cigares. Et alors, comme l'Angelus approchait, je vis, par une sorte d'enchantement, les rues se remplir à la fois de passants, de lumière et de bruit, et les ruelles s'éclairer de lueurs étranges et les clochers se dorer aux rayons du couchant, et les cloches se mettre de la fête avec le plus réjouissant vacarme, et tout cela me donna pour un quart d'heure des aspects, des impressions, des ravissements qu'il serait malaisé de vous expliquer, mais qui n'en furent pas moins réels.

Demain matin, j'irai revoir différents points ; je dis *revoir*, parce que je crois que je n'ai plus de trouvailles à faire. Peut-être pousserai-je jusqu'au Grao, encore qu'il m'ait semblé, de la tour, aussi plat qu'insignifiant ; et à deux heures nous quitterons Valence pour aller coucher à Alicante. Je ne sais si je pourrai vous écrire maintenant avant Cordoue : nous allons mener pendant quelques jours une vie un peu décousue. Ne m'en veuillez pas et tenez-moi compte du développement de la présente.

Cordoue, 19 mars.

C'est ici, chère Amie, que j'ai trouvé, avec quel plaisir ! votre lettre et celle de mon père. Un changement d'itinéraire nous ayant fait renoncer à Murcie qui est, nous a-t-on dit, sans grand intérêt, j'avais télégraphié au directeur des Postes de cette ville de me réexpédier à Cordoue ce qu'il pouvait avoir à mon nom. Et, chose étonnante, il l'a fait intelligemment et promptement. Car il faut vous apprendre que rien au monde n'est plus fruste et plus rudimentaire, que le fonctionnement de la poste restante dans cet aimable pays. Quand on n'exige pas, comme à Barcelone, la présence du consul et un passeport dûment visé, pour *dire* au voyageur s'il y a ou non quelque pli pour lui, on lui jette, comme à Valence, un paquet d'enveloppes non classées, dont beaucoup ont des années d'existence, et le voilà contraint de déchiffrer péniblement toutes ces adresses sur le pouce, dans un lieu ord et sombre, avec toutes facilités d'ailleurs de s'adjuger telle ou telle missive dont la suscription piquerait sa curiosité. Vous avouerez que ce sont là procédés fort bizarres. Mais le pis est assurément que si, pour une cause quelconque, on ne peut faire retirer ou retirer soi-même son courrier du bureau, c'est presque toujours en vain qu'on en demandera la réexpédition. L'insouciance espagnole tiendra la requête pour non avenue, et le directeur de Murcie est peut-être unique dans son genre. Que les lettres soient donc adressées aux hôtels ou chez les banquiers, si l'on ne veut courir le risque d'en perdre les trois quarts.

Nous avions joui jusqu'à présent d'un temps superbe. Ce tantôt, le baromètre a baissé et le ciel s'est couvert de gros nuages noirs. Ils ont crevé pendant que nous dinions chez le vice-consul de France, et nous venons de rentrer par des rues arrosées de frais. En ce qui regarde Cordoue, cet abattage de la poussière n'est qu'heureux ; mais il ne faudrait pas, comme on nous en menace, que cela prît les allures d'un déluge prolongé, car nous serons demain soir à Grenade, où nous resterons trois ou quatre jours; et si nous y avions de la pluie tout le temps, ce serait un désastre. Grenade sans soleil, quelle disgrâce!

J'espère que nous y pourrons, ainsi que nous avons fait jusqu'à présent, bien employer nos heures; mais je compte aussi y rencontrer enfin le calme, le loisir, qui m'ont absolument manqué depuis jeudi, pour mettre avec vous au courant mes pauvres récits de voyage.

Depuis jeudi, et demain il en sera de même encore, les journées sont trop remplies, la lassitude est trop somnolente quand vient le soir, et nous nous mettons de trop matin en campagne, pour qu'il n'en soit pas résulté une interruption de plume considérable. Je ferai de mon mieux pour renouer le fil de mes souvenirs.

Nos santés ne sont pas d'ailleurs pour alarmer nos proches. Il y a bien le vin espagnol, dont il se faut méfier d'abord, mais [illegible] use avec la modération que vous me connaissez; il ne me fut gênant q[illegible] jour et maintenant nous sommes devenus bons amis.

La nourriture des hôtels n'est pas variée, mais pas mau[illegible]ise. [illegible] grasses et à la julienne, côtes de mouton aux pommes, cervelles frites, bœuf ou gigot, tantôt aux olives, tantôt aux fèves, tantôt accompagnés d'un certain petit haricot noir qui se laisse manger, melon, poulets, perdreaux, poisson frit, biscuits, raisins secs, figues et oranges : tel est le menu invariable que l'on est assuré de trouver partout. J'oubliais la *tortilla*, pour plus de clarté l'omelette, qui, non moins invariablement, termine le repas et précède le dessert. — Les gîtes ne sont pas, non plus, aussi fâcheux que nous le craignions. Généralement, les chambres sont d'un air assez propret. Deci, delà, quelques puces, point trop agressives; pas encore vu de moustiques ni de punaises. Le drap-poche n'a pas servi.

Ce qui, en Espagne, est inférieur à tout, c'est le chemin de fer, qui marche mal, est malpropre, se raccorde mal de ligne à ligne, impose beaucoup de fatigue et fait perdre beaucoup de temps. Mais cela n'empêche que ce pays ne soit vraiment très attachant et très différent de ce qu'on a vu par ailleurs. Encore des costumes, surtout de ce côté de l'Andalousie, des aspects de villes et de villages très pittoresques, une couleur très riche partout, de beaux horizons, de belles côtes, de belles montagnes. J'en suis enchanté et j'ai eu déjà bien des heures délicieuses. Je vous conterai cela de Grenade. Ce soir, je dors debout : nous venons de passer une nuit blanche et je dois retourner, demain matin, dès sept heures, à la fameuse mosquée, avant de regagner la gare.

Grenade, 21 mars, 1er du printemps. Au matin.

Grenade! un de ces noms qui font rêver, comme Naples, comme Venise! Nous y sommes depuis hier au soir, bien chers amis, dans cette ville des Abencérages; nous venons de nous réveiller à quelques cents mètres des Tours vermeilles, du Généralife et de l'Alhambra! Si je n'avais dormi comme une souche, mon imagination aurait pu s'exercer sur toutes les beautés qui m'attendaient au lever; mais je n'ai point rêvé, et vous allez voir si j'ai bien fait.

Voici exactement ce que j'ai sous les yeux: Une longue place, toute bossue et mal bâtie, soudée d'équerre avec une autre plus petite et tout aussi irrégulière, où se dressent une fontaine, quelques platanes et une colonne en marbre blanc dédiée *aux Martyrs de la liberté;* le tout dans une belle pluie, drue, droite, serrée, bruyante, une pluie de Bretagne, une pluie qui manifestement va durer toute la journée. Quel malheur, n'est-ce pas?

Eh bien! pas du tout. Nous en sommes charmés, tout au contraire; et nous en avions presque émis le vœu hier, en venant de Cordoue ici. Nous avons tellement circulé, tellement vu, tellement pris de trains et d'omnibus; nous avons été si souvent à l'heure et à la minute; nous avons eu tant de peine à trouver quelques instants paisibles pour vous écrire, que ce nous semble une chose agréable d'être enfermés tout un jour dans une chambre d'auberge, avec des perspectives dignes d'Agen et de Montauban. Nous allons rester calmes, en prendre à notre aise, mettre nos notes au courant, et vous ne vous en plaindrez que si l'avalanche de pages qui va s'abattre sur vous n'est pas d'un vif intérêt. D'ailleurs, nous occupons un rez-de-chaussée surélevé, à l'angle des deux places; nous voyons incessamment passer bêtes et gens, car le *Campillo* est le centre, le point vivant de Grenade, et l'animation reste assez grande en dépit de l'averse. Le spectacle ne laisse même pas d'être assez amusant. Tout ce monde semble épanoui de se mouiller; la plupart est dépourvue de parapluie, estimant sans doute que c'est un meuble qui servirait trop rarement: les hommes se drapent dans leurs grands manteaux noirs doublés de rouge, les femmes relèvent leurs jupes sur leurs têtes enfoulardées; il y a des haillons extraordinaires, des mules et des *arrieros*, des cavaliers en longues files, peu de voitures, mais de vrais troupeaux de vaches et de chèvres à grelots; car l'Espagnol est un être méfiant, et de même qu'il fait sonner le beau louis d'or que vous lui donnez, pour s'assurer qu'il n'est pas faux, de même il n'achète de lait que tiré à sa porte, au pis de l'animal, pour être bien sûr qu'on n'y met pas d'eau: si l'on en pouvait exiger autant des laitières parisiennes!

Et puis, nous réussirons peut-être à nous procurer ici quelques journaux français pour apprendre les nouvelles; depuis notre départ de Paris, en effet, nous n'avons su que deux choses: la nomination d'un sieur Andrieux à l'ambassade de Madrid et la présence d'une escadre anglaise à Mahon, pour empêcher les Espagnols d'aller occuper l'Égypte. Quelle bonne plaisanterie!

Pas plus drôle, au reste, que les craintes qu'inspire notre vertu à la bonne Mme L. M. Elle aurait pu, je vous assure, laisser aller son cher époux sans risque ni danger. Les belles personnes qu'on rencontre de ci, de là, ont des grands airs dédaigneux qui ne mettent guère en péril la fragilité masculine; même le plus souvent, elles ne semblent pas plus voir les passants que si elles étaient de purs esprits. C'est une note assez particulière de cette région, que le peu de place qu'y tient l'étranger; ailleurs, on en fait plus ou moins d'état, mais, si peu que ce soit, il se trouve toujours un brin de curiosité, maligne ou non, qui s'éveille à sa venue. Ici, c'est absolument comme s'il n'existait pas. Rien, pas un tour de tête, pas un mot à la voisine ou au voisin. Le dit étranger aurait l'anneau de Gygès tourné en dedans, qu'il ne resterait pas plus inaperçu. Vous pourrez donc bien calmer là-dessus Mme L. M...

Ah! bon Dieu! l'horrible cloche qui sonne neuf heures! quel chaudron fêlé, quelle musique de sabbat! Ce doit être la cathédrale, si j'en juge d'après la direction du bruit. Nous avions ouï déjà de bien fâcheuses sonneries, car depuis Port-Bou jusqu'à Cadix, et de Badajoz à Valence, il n'y a probablement pas une *campana* qui n'écorche les oreilles; mais celle de Grenade leur dame le pion à toutes.

La digne pluie! tombe-t-elle avec conscience! C'est de *l'or qui cheut*, à ce qu'on dit, et les récoltes en sont maintenant assurées. Tant mieux. La température a été jusqu'à présent aussi agréable que possible, ni chaude ni froide. Peut-être avons-nous eu plus chaud en Catalogne que nous n'avons à cette heure en Andalousie, et je crois que la végétation y était aussi plus avancée. Pourtant, c'est ici partout un printemps bien déclaré, et les acacias, les platanes du Campillo montrent déjà leurs feuilles.

Mais voyons, il faut bien retourner à nos moutons. Dieu sait quel retard j'ai à rattraper, car à Cordoue c'est tout juste si j'ai eu, encore n'en suis-je pas bien sûr, le temps de vous garantir l'existence de la mosquée. Il y a forcément un extrême désordre dans tous ces racontars, et il n'en saurait être autrement; je griffonne les choses au fur et à mesure qu'elles me reviennent. Nous vivons si rapidement! Je réclame toute votre indulgence.

Jeudi dernier donc, j'étais de bon matin dans la rue de Valence, et m'en allais tout droit revoir la cathédrale, pour corriger, s'il y avait lieu, l'impression assez médiocre que j'en avais rapportée la veille. Cela ne manqua pas d'arriver. La veille, je m'attendais à un monument superbe, ce matin-là je pensais retrouver une bâtisse vulgaire: la satisfaction réelle que j'en éprouvai était dans la nature des choses. J'y vis de belles stalles, un beau *trascoro*, une ancienne salle ornée des portraits de tous les archevêques valenciens depuis le XIVe siècle, de pieuses dames se confessant *coram populo*, tout à découvert, comme à Naples, un sacristain admirable dans son long manteau violet et sa perruque grise à marteau, des chanoines bizarrement accoutrés, etc., etc. De là je gagnai la place de la Constitution, fort plaisante en vérité avec son entourage de façades architecturales; d'abord la façade latérale et la porte de l'église où se tient, le jeudi, en plein air, le Tribunal des Eaux (on appelle ainsi la juridiction, formée de trois notables, qui décide souverainement des contestations relatives aux irrigations, la grosse affaire du pays), ensuite la façade du Palais municipal, l'abside en rotonde à colonnes de la susdite Cathédrale et enfin, dans un renfoncement, le le joli et gracieux pavillon de *la Audiencia*, *id est* de la Cour d'appel, avec quelques arbres bien jetés sur le tout.

Charmé d'un tel ensemble, je m'en éloignai cependant pour prendre un congé non moins pénible de cette *Puerta de Serranos*, qui m'avait tant séduit la veille. Elle était à sa place, dorée par le soleil matinal, plus superbe encore, s'il se pouvait et je l'aurais longtemps contemplée dans le cadre galant que lui faisaient les maisons voisines aux balcons fleuris, avec ce va-et-vient attrayant des rues espagnoles, si mon oreille n'avait été tout à coup sollicitée par une mélodie originale.

Dans une ruelle, trois jeunes gens, trois aveugles, *tres ciegos*, sous la conduite d'un montreur, chantaient, avec accompagnement de leurs trois mandolines et guitares, une chanson d'un rythme fort particulier, où le *torero* se déclare en termes brûlants à sa salière (*salero*) de bonne amie. Une femme doit en effet être avant tout *salada*, piquante, et l'appeler *salière* c'est atteindre au dernier degré de l'enthousiasme et de la galanterie. La romance achevée était suivie tout aussitôt d'un air de danse très-enlevant, et puis, la quête faite, quelques sous recueillis, la troupe s'en allait vingt pas plus loin, recommencer sa tentative. Je la suivis rivé, absolument rivé, à cette musique toute nouvelle pour moi : je l'entendis une fois, deux, trois, quatre, cinq, six; c'était toujours la même chose et cela me charmait de plus en plus! Malheureusement on est obligé en voyage de manger quelquefois. L'heure du déjeuner était bien passée, celle du départ approchait : il fallut m'arracher à cette jouissance pénétrante et regagner la *Fonda de Madrid.* Mes trois compagnons commençaient à désespérer de moi. Puissé-je retrouver encore quelque occasion de même sorte; mais jamais je n'oublierai mes trois *ciegos*, les ruelles, les assistants captivés à mon exemple, les *cortinas* des balcons soulevées par de petites mains, les serros pleins d'yeux noirs, les chants et les airs entraînants de cette heure si sympathique!

Le véhicule favori du Valencien qui ne fait pas de genre, c'est la *artana*, qu'on ne rencontre point ailleurs et qu'il faut que je vous décrive. Mettez sur deux roues un long cylindre écrasé en bois verni très-mince, ouvert à ses deux extrémités, où l'on entre par le fond, où l'on ne voit rien, où l'on doit étouffer et dont le cahot est certainement affreux, car ce n'est pas suspendu et les pavés sont atroces, — vous avez la tartane. Le conducteur est assis à droite, en dehors du brancard, sur une petite sellette; il a les jambes retenues par un marchepied horizontal. Rien de plus laid, rien de moins agréable, ce qui n'empêche pas que cela fait le bonheur des indigènes de toute condition; j'en ai même vu passer à l'Alameda des échantillons proprement tenus et habités par des senoras pompeuses; pour moi, je me suis privé de grimper dans cette souricière.

Au demeurant, la voiture n'est ici qu'un mode de transport assez restreint, vu que les tramways circulent en tout sens et à toute heure jusque dans les rues les plus étroites : il est même des points où leur passage oblige l'humble piéton de se coller à la muraille. Et ces tramways sont toujours pleins, surtout celui qui relie la ville au port du Callao. Henri s'y est rendu sans moi, c'est plat, bête, insignifiant et petit.

Pour finir, nous avons encore remarqué à maint balcon de Valence, ce que j'ai retrouvé hier à Cordoue, de longues palmes, attachées en travers et qui seront, au prochain dimanche des Rameaux, remplacées par des palmes nouvelles. Leur présence écarte les maladies.

Un temps à souhait nous a été donné depuis notre départ jusqu'à la nuit, à travers l'admirable *huerta Valenciana* et son prolongement par *Carcagente* et *Alcira*, à peu de distance de *Jativa.* Ce n'est qu'un grand jardin de vingt à vingt-cinq lieues, tout couvert d'orangers splendides, hauts en moyenne de quatre ou cinq mètres et dont les branches, retombant vers le sol, forment autant de magnifiques boules d'un beau vert noir, pailleté d'or. Un enchantement que ce trajet. On pousse des oh! et des ah! sans fin; on ne sait à quelle portière se jeter et, de fait, c'est même chose des deux côtés. Ces arbres sont plantés assez près les uns des autres pour qu'il n'y ait guère que deux mètres d'intervalle entre les touffes. On ne les laisse pas vieillir, pour qu'ils donnent des fruits plus gros et plus abondants : peut-être est-ce aux dépens de la qualité. Quand ils atteignent 30 ou 40 ans, on les arrache et d'autres prennent leur place. Chaque pied produit par année de 1,500 à 3,000 oranges et rapporte ainsi de 30 à 60 francs. C'est une délicieuse culture. Un coup de vent récent a jonché la terre de *naranjas;* les wagons, les gares en sont pleins; les enfants s'en servent pour faire la bataille. Nous sommes loin du boulevard du Temple.

La voie ferrée longe le lac d'*Albufera* qui fait assez d'effet et à partir de *Jativa*, vieille cité sarrasine, dont les murailles s'échelonnent étrangement jusqu'au sommet des rochers qui la dominent, le paysage prend un caractère plus sévère et la culture change complétement ; on ne voit plus que des oliviers qui bientôt disparaîtront à leur tour, car nous montons constamment pour arriver aux plateaux élevés de *la Encina* et d'*Almanza*. La nuit approche : nous traversons des plaines arides, avec de belles silhouettes de montagnes. L'Espagne n'est pas riche parce que les chaînes y tiennent trop de place, peut-être les trois cinquièmes de la superficie totale du territoire, et parce qu'il n'y a que le fond des vallées qui soit fertile. Aussi passe-t-on fréquemment et quasi instantanément d'un aspect à un autre tout différent. Ici le désert : des roches nues, un sol cuit, rouge, dur, incapable de végétation; là, et presque sans transition, une terre profonde, une fertilité admirable et des produits surabondants. Quoi qu'il en soit, toutes ces *sierras* donnent des plans puissants, et consolent, par leur pittoresque, le pauvre touriste des lenteurs sans nom qu'il est obligé de subir. Pas de trains express, des arrêts prolongés sur maint et maint point, des heures de départ et d'arrivée généralement déplorables, des raccordements de trains ineptes et au total une incurie absolue de tout ce qui pourrait rendre le sort des gens un peu supportable. Nous allions en faire une dure expérience.

C'est à *la Encina* que nous devions prendre le train d'Alicante; nous avions soigneusement compulsé *El Guia Official*. Nous descendons de wagon, nous nous passons de mains en mains les quinze ou dix-huit petits colis qui nous accompagnent ; et je vais au chef de la station pour obtenir de lui une caisse réservée. Ah! bien oui : il y a erreur ; pas de train pour Alicante avant le lendemain matin sept heures. Or, il est six heures et demie du soir! Y a-t-il au moins un buffet pour dîner et un hôtel, voire *una posada*, pour coucher? Allons donc! pour qui prenez-vous l'Espagne, voyageur ingénu? Rien, rien, et rien! Figures longues. Un éclair jaillit du cerveau de ce bon A. Nous refaisons la chaîne, nous réintégrons nos dix-huit colis dans notre compartiment, nous y bondissons ; — il n'était que temps, et nous voilà en route pour Almanza. Là du moins nous dînerons au buffet. Quant à coucher, c'est autre chose.

Le chef de gare, né obligeant, et que nous avons, au dessert, abreuvé d'*aguardiente* (eau-de-vie à l'anis), veut bien compatir à notre peine. Il y a dans la ville une auberge, mais encore qu'il la dise parfaite, j'ai de la méfiance. Mme d'A. est moins dégoûtée, elle est lasse, et veut, à tout hasard, s'étendre dans un lit ; après donc un dîner mangeable et gai malgré nos malheurs, son mari l'emmène en carriole invraisemblable à la recherche de ce gîte douteux. Quant à nous, sous la conduite de l'agent, nous gagnons un hangar isolé où se trouve remisé un wagon de seconde classe. Ce sera notre chambre. J'étends deux coussins sur le plancher et m'y répands tout de mon long. Henry s'arrange de son mieux dans la case voisine qui n'est séparée de la mienne que par une barre d'appui ; on nous a laissé une lanterne qui empeste ; nous rions dix bonnes minutes, à la pensée que notre ami Ch. pourrait être de la fête ; on souffle le lumignon asphyxiant et le repas des insectes commence... Je me retournais pour la septième fois sur le flanc gauche, appelant le jour de tous mes vœux, quand soudain une lueur, un bruit de pas me tirent de ma torpeur. On loquette à notre wagon. Henry bondit ; il a pu croire tout d'abord à des intentions malveillantes ; on parle de nous, je prête l'oreille, mon ami me presse d'exhiber les lettres de recommandation dont je suis porteur ; mais je puis maintenant le rassurer, car il s'agit tout bêtement d'un brave employé de la Compagnie qui, en attendant l'heure de son service, vient à l'ordinaire passer la nuit dans cet asile. Et ce sont ses puces que j'ai! Honnête homme, viens que je te les rende! Il monte, s'installe, et comprenant à notre espagnol que nous sommes Français : « N'ayez pas peur, fait-il, on ne vous veut point de mal ; je suis un compatriote. » C'était Célestin Mercier, de Rougemont (Doubs), machiniste, venu en Espagne voici vingt-sept ans avec des ingénieurs du Creuzot, marié à Alicante et fixé dans le pays. Il nous raconte ses petites affaires : qu'il voudrait bien revoir son village, mais qu'il n'a pas assez d'économies, que sa femme lui a donné deux fils qui sont Français comme lui, mais qui ne savent pas un traître mot de notre langue ; qu'il faut que nous allions voir Mme Mercier, à Alicante ; qu'elle nous servira en tout ce qu'elle pourra, et patati et patata... Henry, rasséréné, lui pose cent questions et je m'endors en songeant à l'étrangeté de cette rencontre entre deux Français affalés au fond de ce hangar d'une station perdue, et cet autre, un des rares nationaux qui soient dans la province, — tous les trois partageant le même logis confortable.

Au réveil, Célestin se fondait en regrets. Il aurait bien désiré se trouver à Alicante pour nous en faire les honneurs, mais il allait à *Albacete* sur sa machine. Pauvre ami...

Nous regagnons la gare : je fais ma toilette dans une assiette creuse. Cependant les A. ne paraissent pas. Henry se met à la recherche de leur *posada*. Un bizarre appareil, baptisé du nom de *coche*, se dessine dans un nuage de poussière matinale : ce les sont, aussi moulus que nous, ayant eu froid comme nous, malgré leurs draps, et dévorés comme nous, avec la conviction en plus, tout le temps, que leurs hôtes, couchés de l'autre côté de la cloison, méditaient de les assassiner ! Nuit gracieuse !

Mais le soleil a lui : toute impression désagréable s'efface ; voici le train d'Alicante. En avant !

La route est extrêmement variée et attachante, bordée, en manière de haies, par des cactus et des aloès gigantesques. Elle traverse des vallées très tourmentées, où se rencontrent de charmantes villes : *Sax*, avec ses deux vieux donjons rouges et le pli de son rocher qui figure une tête d'éléphant, *Villena*, avec sa ruine magnifique, *Elda* la jolie, couronnée d'un alcazar démantelé et de toutes parts dominée par des montagnes dont l'une a la forme d'une longue table. La végétation prend des allures de plus en plus tropicales ; les mûriers, les orangers, les palmiers sont partout. Il est dix heures. Nous faisons notre entrée dans *Alicante*.

Cristi, quelle poussière, quelles rues, quelles ornières ! Dieu, que c'est laid ! Mais *la Fonda Bosio* est bien tenue : nous avons à la succursale des chambres d'une propreté appétissante, la table est bonne aussi, et nous nous réjouissons en songeant à l'excellente *nuitée* qui nous attend.

Tout en déjeunant, on discute la course d'*Elche*. Nous ne sommes venus à Alicante que pour *Elche*. Comment va-t-on à Elche? En diligence : un supplice ignoré des Chinois; en voiture particulière : un écorchement de bourse vraiment ridicule, car nous avons en tête de poursuivre d'Elche jusqu'à Murcie. Si nous n'allions pas à Murcie? Murcie n'a pas grand intérêt. Elche n'est qu'à cinq lieues d'ici : nous reviendrions dîner et coucher à Alicante. L'ordre du jour est ainsi réglé.

Nous voici en route pour Elche. La poussière et les ornières d'Alicante n'étaient que des jeux d'enfant. Nous avons une manière d'omnibus disloqué, jadis jaune, présentement ignoble, honteux de tout point, sans rival dans la ville pour son élégance et qui nous attire manifestement la considération de tous ceux que nous rencontrons. Henry, pour mieux voir, s'est campé sur la banquette de devant, un peu en arrière du cocher et du *zagal*, espèce de voyou qui saute à terre toutes les fois que nous croisons quelque voiture, afin de remettre en bonne voie la mule de tête; car nous avons trois mules, sales, efflanquées, couverte de grelots et de pompons défraîchis : une couleur locale peu séduisante. Donc, l'ami Henry mange de la poussière à bouche que veux-tu ; il est contraint de se couvrir le visage de son mouchoir; A... s'est enveloppé de linges, pour échapper à cette poudre ennemie; la baronne se défend de son mieux contre des cahots épouvantables, et moi je regarde philosophiquement le paysage.

Nous suivons quelque temps la mer qui est d'un bleu cru splendide ; des bouquets de palmiers, quelques villas, puis une campagne sans autre charme que son extrême aridité; une halte à la posada picaresque de *Moreno*, où nos hommes s'empiffrent de morue crue avec des airs de délectation, et s'abreuvent en conséquence d'un vin épais comme de la gelée de groseille. Ainsi lestés, ils jouent du fouet, nous sommes secoués de plus belle, et bientôt à l'horizon se découpent de noires et fines silhouettes. C'est la forêt d'Elche, toute de palmiers et telle que A... qui a parcouru l'Algérie et la Syrie, n'a rien vu de pareil, même à Biskra. Nous approchons, nous descendons de voiture et durant une heure, nous nous égarons parmi cette végétation si élégante, si charmante et si étonnante pour des yeux septentrionaux. De ces arbres, il en est de tout âge et de toutes tailles : les plus hauts doivent avoir de 25 à 30 mètres; d'aucuns sont assez bas pour que j'aie pu cueillir, sans me hausser, une datte mûre à l'un d'eux et la manger : chose qui vraisemblablement ne m'arrivera pas souvent par la suite. Les palmiers veulent beaucoup d'eau et tous sont plantés au bord de larges rigoles d'arrosage; mais ce qui fait la beauté exceptionnelle de cette forêt, c'est que les eaux d'Elche sont salées, ce dont le palmier s'accommode à merveille. Lesdites eaux sont, paraît-il, aussi favorables aux humains qu'aux végétaux, et certains malades sont envoyés là pour en boire.

Nous gagnons la ville, qui est bien arabe, avec des terrasses partout au lieu de toits et un petit palais maure, très conservé, servant de résidence au marquis de Belmedez. Du haut de la tour de la Collégiale, on embrasse un admirable diorama d'Elche, de ses rues, de ses places, de la forêt qui l'enveloppe de trois côtés et des belles montagnes qui lui font face. Mais il faut franchir le ravin profond dont elle est soulignée à l'Ouest, le franchir sur un pont hardi formé de deux ogives colossales et se retourner. Alors l'enchantement est complet. Elche s'étage coquettement au milieu de puissants massifs de palmiers; toutes ses bâtisses, tous ses clochers, ses miradores, son vieux château converti en *presidio*, tout cela éclate pour nous au soleil couchant, dans une lumière et dans une couleur véritablement merveilleuses. C'est une des jouissances les plus vives qu'on puisse rencontrer, et il me paraît difficile qu'aucune ville d'Orient présente plus de séductions.

Nous étions enchantés; nous avions tout vu, bien vu et l'heure nous prenait de partir, quand je m'avisai que, sottement, j'avais oublié mon ombrelle sur la tour de l'église. Quelle affaire! Ces gens, heureusement, sont complaisants. Je me rejetai au travers des ruelles où mainte petite masure porte encore à son front l'écu de quelque vieux chevalier; je retrouvai non sans peine la *casa* du *campanero*, autrement du sonneur de cloche, et cajolant de mon meilleur espagnol ledit, sa femme et son ami (il y a toujours un ami quand la femme est jolie, et c'était le cas), j'arrivai enfin à reconquérir ma très-précieuse *sombrilla*.

Nous étions tard de retour à Alicante. Notre compagne était brisée de fatigue et son mari inquiet de la voir en pareil état. Pas moyen de se procurer le bain qui délasse. On dîne, on se couche. Le lendemain, il nous déclare qu'il renonce au grand trajet ferré d'Alicante à Cordoue et qu'il va s'embarquer avec sa femme pour gagner Grenade par Malaga. Deux jours de mer. Cette perspective a rendu quelque énergie à la baronne qui est faite à la vie de bord. Il est convenu que nous nous chargeons de leurs bagages. Ils achètent des couvertures, un oreiller, des victuailles, toutes sortes de choses indispensables pour cette petite traversée sur un très mauvais bateau. Nous nous séparons. Bon voyage et à bientôt.

Henry et moi sommes allés trouver *el Gobernador militar de la ciudad*, qui nous a octroyé la permission de pénétrer dans la citadelle. Nous en entreprenons l'ascension ; c'est haut, 280 mètres, et très à pic : un énorme rocher pointu qui domine la ville, la rade, la côte à perte de vue, et toute la *huerta d'Alicante* encadrée de montagnes lointaines. Beau site, en vérité, *transeuntibus*, comme disait le moine de *San Matino*, et comme semblait le penser aussi *el señor Gobernador del Castillo*, petit bonhomme rachitique, mal bâti, misérablement vêtu et chaussé d'*alpargatas*, sorte d'espadrilles qui ne tiennent que par le talon et par le pouce et sont attachées d'un double ruban noir à la cheville. Je l'avais d'abord pris pour un homme de peine, et lui avais demandé sans façon si nous pouvions monter sur la terrasse de la maison du gouverneur. « C'est ma maison, fit-il mélancoliquement, et l'on n'y monte pas. » Tableau !

Un tour dans la ville pour visiter *San Nicolaus* et son cloître qui sont du xvie siècle et d'un beau caractère ; l'*Ayuntamiento*, l'hôtel de ville, avec sa façade tarabiscotée; et les deux tours qui la complètent, la promenade du port, plantée, voici dix ans, de palmiers qui lui font désormais deux voûtes fort agréables, enfin l'un des deux môles, celui de gauche, d'où l'on a sur tout Alicante et la citadelle une belle vue d'ensemble, un peu aride pourtant et un peu nue. Nous rentrons à la fonda, et montons tôt après en chemin de fer pour une gentille traite de 22 heures. Il ne faut pas moins en effet pour gagner Cordoue où nous devrons arriver le lendemain vers midi.

Revu Almanza, son buffet et son hangard, dormi tant bien que mal, changé deux fois de train pendant la nuit, ouvert les yeux dans la *Sierra Morena*, très sauvage et très pittoresque, contemplé *Andujar*, *Javalquinto*, les vastes plans d'oliviers de Serrano, Duca de la Torre, fait la connaissance d'un aimable consul des Pays-Bas à Séville que nous devons revoir à Cadix, et trouvé enfin, dans la gare, nous attendant, le très obligeant M. L., notre vice-consul. Nous déjeunons, il nous vient prendre une heure après et nous piquons sur la mosquée.

La grande mosquée de Cordoue, c'est encore un de ces monuments dont on parle ! On y accède par un vaste *patio*, planté d'orangers plusieurs fois centenaires, entouré de murailles crénelées à la sarrasine, avec de belles portes ; la plus remarquable, celle du *Perdon*, a ses battants richement revêtus de plaques et de marteaux en bronze et s'accole au campanile élégant qui est à cheval sur le mur d'enceinte. Ledit *patio*, avec ses allées pavées de mosaïques en galets, sa fontaine et ses cloîtres, me prépara fort bien à ce que j'allais voir.

Deux porches donnent entrée dans le temple, tous deux ornés et voûtés en marqueterie d'une réelle finesse et datant du XVIIe siècle. On pousse un battant : on est entré. L'impression est vive, aiguë, si je puis dire, sans être complètement agréable. Toutes ces colonnes alignées avec leurs chapiteaux délicats, supportant deux étages d'arcs arabes, récemment repeints en assises blanches et rouge brique trop cru, cette lumière mal répartie par les trouées faites au plafond, ces autels de mauvais goût qui font le tour de l'église, ces parties intercalées dont la lourdeur contracte violemment avec la légèreté du reste, tout en ce lieu étonne et détonne. Mais me voici en face du Mirh-ab, du saint des saints, encore revêtu de ses mosaïques d'une perfection et d'une harmonie indéfinissables; je considère cette voûte exquisement dorée et déchiquetée, la conque de marbre qui couvre le petit sanctuaire, le travail étourdissant de ces stucs, de ces voussures teintes de rose et de gris, et je demeure sous le charme d'un art que je m'attendais à trouver mièvre et fade. Il est impossible de n'être pas empoigné de ce petit coin; on s'en éloigne et on y revient aussitôt, y découvrant toujours un agrément nouveau. C'est un bijou sans prix qu'on tourne et retourne sous toutes ses faces, et je me demande si l'Alhambra nous réserve rien d'aussi parfait.

Il faut vous expliquer les choses. MM. les Arabes avaient élevé cette mosquée pour qu'elle fût le chef-d'œuvre du monde. Les catholiques, devenus maîtres de Cordoue, prétendirent, au temps de Charles-Quint, utiliser le monument en en faisant une cathédrale. Mais comment s'y prendre? Il n'y avait ni *coro* ni *capilla major*, ni chapelle pour messieurs les chanoines, ni sacristie, ni ceci ni cela. Pour y pourvoir on dressa des plans devant lesquels les édiles hurlèrent d'indignation. La question fut portée au conseil du roi, lequel autorisa le chapitre à commencer et leva la peine de mort édictée par l'ayuntamiento contre tout ouvrier qui porterait la pioche sur un aussi précieux édifice. Et vous allez voir ce qu'on fit. Au beau milieu de la mosquée, qui est carrée et a environ 180 mètres de côté, on opéra une trouée en supprimant un certain nombre de colonnes; puis dans ce vide on éleva une cathédrale renaissance, fine et riche, qui serait belle partout ailleurs, ayant de beaux marbres, des stalles en acajou sculpté d'un travail surprenant, des lampes en argent massif aussi coûteuses que soignées, des orgues très ornées, des autels habillés de faïences précieuses, etc., etc., mais qui n'a rien à faire, élevée et élancée comme elle est, avec ce temple arabe bas et grêle et semblable à un promenoir dans un quinconce de pierre. C'est le mariage le plus sot qu'on ait pu imaginer et réaliser, d'autant plus sot qu'avec ce qu'on a dépensé, on aurait aussi bien bâti sur quelque autre point une église importante et par là respecté l'œuvre des kalifes. On raconte que Charles-Quint, passant à Cordoue quelques années plus tard, se montra fort mécontent de ce vandalisme et dit : « Vous avez fait ce qu'on trouve partout et détruit ce qui n'existait nulle autre part. » Quoi qu'il en soit, la chose demeure encore une pièce capitale, *a master-piece*, et qu'on est heureux d'avoir vue.

Tout près de là, l'évêché, immense, mais médiocre de style, la porte exceptée qui est bonne; un peu plus loin une colonne Louis XV, sur un socle de rochers, avec un cheval qui broute et au sommet la statue de Saint-Raphael, patron de Cordoue : *El triunfo de San Rafaële*. Ce digne saint se retrouve au reste aux six coins de la ville. De la terrasse qui jouit de son triomphe, on domine le Guadalquivir, jaunâtre, sale et pauvre, le pont romain aux assises dorées du soleil et la *Corihuela*, vieille forteresse sarrasine qui en commande l'accès. Ces morceaux ont du cachet, mais la cité silhouette misérablement et l'autre rive du fleuve est dépourvue de charme.

Le vieux Cordoue est un tissu inextricable de ruelles fort étroites, contournées, garnies de chaque côté, en guise de trottoirs, de dalles striées afin d'empêcher le glissement du pied ; entre elles, la chaussée rarement large de plus d'un mètre, et de moins bien souvent, se hérisse de gros galets ronds ou pointus. Pauvres chevaux, s'ils ont des bleimes ! On s'en va là dedans, à la file indienne, chacun gardant soigneusement sa droite, car les dalles ne sont que pour un et il faudrait, si l'on se croisait, marcher sur le galet. Pas de voitures, bien entendu, dans tous ces quartiers-là. Les maisons sont basses, un étage au plus ; des miradores et des serros partout. Les dames n'en quittent mie, toujours au guet. Chaque demeure présente une entrée assez resserrée, capitonnée à l'ordinaire de marbre blanc; après cet *atrium* une grille légère qui clôt le *patio*, petit, entouré de colonnettes et garni de fusains, de fleurs et d'une vasque à jet d'eau. Cette suite de petites cours d'un aspect à la fois monacal et coquet donne à Cordoue une physionomie bien spéciale, bien orientale et très différente de ce que nous avions précédemment rencontré. On y sent l'influence des Maures, jusque dans l'espèce de claustration que l'usage y impose aux femmes et dans l'impénétrabilité du domicile, même pour les relations intimes.

A Valence, les habitations avaient des allures autrement grandioses : une vaste salle, un *atrium* noble et ample, largement ouvert au passant, servait de cage à quelque pittoresque escalier conduisant à l'étage habité ; ces cours couvertes étaient ornées de plantations sérieuses et j'ai aperçu dans l'une d'elles un bananier de toute beauté ; de lourds écussons bien arrangés chargeaient le bandeau du portail ; cela avait grand air ; on devinait des existences faciles et accessibles. Cordoue est aux antipodes des manières valenciennes. D'ailleurs nous faisions cette remarque hier au soir, en traversant Grenade, que chaque ville d'Espagne a son type absolument personnel de constructions, de décors et d'habitants. Il y aurait là, je crois, des rapprochements très curieux à établir.

Après avoir visité les *paseos* où la population cordovane écoutait la musique sous un ciel noir et menaçant, après avoir admiré un ravissant cheval andalou que son maitre voulut bien faire trotter et volter devant nous, comme eût fait M. Loyal en personne, avec invitation répétée de le monter, s'il nous plaisait, *á la disposicion de ustedes*, nous avons inspecté les brillants salons du cercle dont fait partie notre consul et gravi jusqu'au mirador d'où l'œil embrasse la ville et le pays entier. Et, en longeant une table de *monte*, sorte de baccarat, notre guide nous désigna un homme, vêtu comme un paysan aisé, chemise sans apprêt et sans col, chapeau mou à larges bords, et qui, assis à la gauche du croupier, semblait tout à sa passion. Tête fine et expressive, main longue et nerveuse, 45 ans environ. Ce joueur acharné, c'était *Lajartico*, le plus célèbre des *toreros* actuels, le *spada* populaire, dont nous verrons les exploits à Séville, le dimanche de Pâques. Vous pensez si je l'ai regardé!

Le jeu fait, dit-on, de terribles ravages parmi les gens de ce pays, dont le caractère, les idées et les mœurs sont en réalité peu édifiants. Les plus honnêtes ne le demeurent que parce qu'ils y trouvent plus d'avantage qu'à ne l'être pas. En revenant à l'hôtel *Suizzo*, vers dix heures du soir, nous vîmes presque à chaque porte ou fenêtre des couples *qui plumaient la dinde* avec méthode et conviction. *Pelar la pavo*, c'est ainsi qu'on nomme la cour que les filles se laissent faire souvent bien longtemps avant que le mariage s'ensuive ; la belle se tient à la fenêtre grillée du rez-de-chaussée, ou si c'est une servante, sur le seuil de la porte ; l'amoureux est debout devant elle, en grand chapeau et grand manteau, et l'on cause ainsi, sans bruit, sans gestes durant des heures. C'était la première fois que nous voyions cela et nous nous en sommes amusés.

Le lendemain au matin, nous retournions à la mosquée, nous allions à la porte élégante de *Geromino Perez*, au marché, à *San Pablo*; nous remarquions que toutes les filles et jeunes femmes avaient au chignon un paquet de fleurs naturelles fort artistement posé; nous rencontrions des costumes d'hommes tout à fait curieux, gitanos, tondeurs de mules, paysans et cavaliers de l'école de dressage accoutrés comme des Mexicains, avec leurs guêtres baillantes toutes garnies de longs cordons de cuir, et nous nous embarquions enfin pour Grenade, après avoir pris congé de notre très aimable et très obligeant consul.

Mais en voilà certes assez pour aujourd'hui. Je vous conterai Grenade un de ces jours. Le ciel est pur maintenant. Pleuvra-t-il encore demain? ce serait dommage. Nous serons à Malaga dimanche.

Grenade, 22 mars au soir.

Je reprends, chers amis, mon récit au point où je l'ai laissé. La route de Cordoue à Grenade se dirige d'abord du nord au sud, à travers une interminable et richissime plantation d'oliviers; presque tout ce pays, notamment le territoire d'*Aguilar* et de *Montilla*, est la propriété de l'opulente et illustre famille de *Medina-Celi*, qui descend plus ou moins directement du grand capitaine Gonzalve de Cordoue. A *Bobadilla*, où l'on change de train pour piquer vers l'est, je m'entends héler par mon nom et reconnais M. Long... qui lui, s'en va à Malaga. Nous causons dix minutes : je lui donne des nouvelles de sa femme et nous repartons chacun de notre côté.

Jusqu'à *Loja* où la nuit nous a pris, le parcours vaut qu'on s'en soucie. Plans très accidentés ; beaux fonds de montagnes, la superbe *Pena de los Enamorados*, du haut de laquelle deux pauvres amants, un chevalier espagnol et une jeune Morisque, poursuivis par leurs proches, se précipitèrent ensemble dans la mort; (je crois que lord Byron a mis cela en vers); *Antequera*, une des plus vieilles cités de la Péninsule, des ravins inquiétants, des eaux dont nous étions déshabitués, des roches vigoureusement teintées, enfin *Loja* accrochée par la tête aux flancs d'un très beau mont et se laissant glisser jusque dans la vallée.

Nous ne revîmes la lumière, notre lampe s'étant éteinte, que dans la gare archi-banale de Grenade. Ce n'est pas ainsi que l'on devrait entrer dans une pareille ville, ni dans un bête d'omnibus qu'on la devrait traverser. La civilisation, cette grande erreur, tue toute poésie. Le trajet jusqu'à l'hôtel de l'*Alameda* nous parut interminable et odieux.

Cependant nos bagages étaient transportés au bureau central de l'octroi, car à cet égard particulièrement les services sont partout mal faits, compliqués, exaspérants. Une heure après, nous nous rendions au susdit bureau et trouvions nos malles avec celles de A. sous la garde rigide de quatre *carabineros*. Ordre de tout ouvrir pour la visite. C'était assommant déjà en ce qui nous regardait, mais il y avait empêchement majeur pour les colis des A. dont nous n'avions pas les clefs. Comment servir pourtant cette excuse aux argousins; ils en auraient conclu sur-le-champ que la contrebande était là; aussi ne savions-nous que dire. quand un *mozo de cordel*, un homme de corde (se dit des portefaix qui ne vont jamais sans cet engin), nous expliqua, comme la chose la plus naturelle du monde, que si nous voulions donner *una pezeta á los carabineros*, ils seraient enchantés de ne rien visiter du tout. Vingt sous pour quatre et pour tant de caisses, ce n'était pas cher, et dire que nous aurions pu entrer à ce prix toute la fabrication de Lyon ou de Valenciennes. Notre mozo porta donc le franc aux nobles douaniers qui, changeant à l'instant de physionomie, se levèrent en pied, nous saluèrent profondément et joignirent les plus grands égards à l'achat que nous venions de faire de leurs jolies consciences, à raison de cinq sous l'une.

Il paraîtrait qu'on ne sait trop ce dont est capable un digne *hombre* d'espèce inférieure, fonctionnaire ou non, pour garnir son gousset de quelque pièce blanche. On nous a conté de scandaleux exemples de concussions judiciaires et même de cimonie. Ce n'est point, à tout prendre, un peuple de haut caractère et le physique, les allures répondent assez aux qualités morales. C'est ainsi qu'au chemin de fer nous trouvons toujours les premières classes remplies de gens qu'à leur tournure, à leur costume ou à leur tenue on ne rencontrerait dans tout autre pays qu'en troisièmes ou tout au plus en secondes.

Une autre remarque sur les trains où nous sommes montés : on n'y voit dans aucunes mains des journaux comme chez nous; on ne lit pas, on cause bruyamment tout le temps. Pas de bibliothèques aux gares, seulement des marchands d'oranges et d'eau et des nuées de mendiants qui assiégent les marche-pied et empêchent quasi de descendre. Car on circule dans ces gares en toute liberté et elles sont d'ordinaire un centre de réunion et de distraction.

Je vous ai dit notre réveil ici par une pluie battante et qui semblait devoir tenir tout le jour. Mais, vers quatre heures, Phœbus ayant triomphé des nuages, nous gagnions une vieille porte mauresque, suivie d'une longue rampe qui, pensions-nous, conduisait à l'*Alhambra*. Longtemps nous montons entre deux rangées de maisons misérables, sans croisées, aux ouvertures garnies seulement de volets et, chose étrange, de volets très artistement menuisés et moulurés; nous apercevons de loin en loin quelques belles têtes de pauvresses; — une surtout, frappante de beauté, travaillait au seuil de sa porte basse dont la propreté tirait l'œil. Et je constate ici fréquemment que des gens d'une crasse repoussante tiennent leurs logis bien blanchis au lait de chaux, avec des cuivres brillants, des faïences étincelantes, une évidente recherche de netteté.

Nous montons toujours, considérant à notre droite une ligne de tours et de vieilles murailles que nous prenons pour l'enceinte de l'Alhambra. Un grand gaillard nous croise; je lui demande le nom de ce quartier; il relève la tête et me jette d'un ton fier ce seul mot : *Albaycin!* Nous nous sommes trompés de montagne; l'Albaycin est le séjour du bas peuple; des gens de tous métiers, Espagnols mêlés de gitanos; l'avant-garde de ce *Monte Sacro* dont nous aurons à parler plus loin. Curieux quartier en somme, étrange population, étonnée, soucieuse de l'étranger, mais nullement hostile.

Voici une église, *San Salvador*; elle est fermée, nous en faisons le tour et tout à coup un cri nous échappe, nous demeurons figés de surprise et d'admiration : l'*Alhambra* se dresse devant nous de l'autre côté de l'étroite vallée du *Darro*, haut perché sur sa roche verdoyante, paré des plus merveilleuses couleurs, encadré de frondaisons superbes et royalement couronné par les neiges éclatantes de la Sierra-Nevada, sur lesquelles se découpent en noir cru les grands cyprès du Généralife ! C'est beau par-dessus toute chose : le trouble que j'en ressens ne saurait se rendre; cela me donne envie de crier: je m'accoude sur un petit mur à ma portée et reste là, écrasé, pantois, abruti, transporté. Les averses du matin ont fait très à propos à la montagne cet épais manteau blanc dont l'indigo du ciel est encore accentué; il se peut aussi que l'heure, les caresses dorées du couchant et cette transparence de l'air qui suit ordinairement la pluie, soient pour quelque chose dans la splendeur inusitée du spectacle; il se peut enfin que l'imprévu de cette apparition en ait doublé l'impression, mais que m'importent toutes ces causes, si l'effet a été pour moi d'une violence et d'une jouissance infinies ! Nous descendons lentement les pentes de l'Albaycin, nous arrêtant à chaque pas; nous franchissons le Darro sur un pont original et remontons du côté opposé une rampe sinueuse, charmante et bordée de chutes d'eau que l'orage a grossies, qui conduit adorablement parmi les plantes grimpantes et les rochers bizarres, à l'une des portes de l'Alhambra.

Mais nous n'y voulons pas entrer; il est trop tard; nous continuons à suivre les vieilles murailles et à mesurer de l'œil les tours pesantes; arrivés à l'extrémité de l'enceinte qui forme un ovale très allongé, nous redescendons dans un massif épais de grands arbres et nous nous trouvons en face de la superbe porte du *Juicio* ou du Jugement. On la nomme ainsi, sans doute parce qu'une main emmanchée d'un long poignet se voit sculptée au sommet de son arc : assez au-dessus de cette main une clef est également gravée dans la pierre, et les Maures, pendant le siège, disaient que les Espagnols auraient Grenade quand cette main prendrait cette clef.

La porte del Juicio nous est un spécimen achevé de l'ogive arabe : elle forme un seuil élevé, de lignes et de couleur irréprochables et précède une maçonnerie dans laquelle est inscrite une porte d'un semblable dessin, mais de moitié plus petite. Ainsi enchaînées l'une dans l'autre, ces deux portes font un arrangement très heureux. Nous arrivons par là au joli jardin en terrasse qu'on dit avoir été l'*Alcazar* et nous escaladons enfin la plate-forme de la célèbre *Torre de la Vela*, dont la cloche sert à régler les irrigations de toute la plaine et exerça, dit-on, de tout temps, un empire fanatisant sur les habitants de Grenade; son appel soulève la ville entière comme un coup de vent les feuilles mortes : la Vela est un Masaniello irrésistible.

De ce point fort élevé, la vue est d'une indicible beauté : toute la cité, toute la Sierra-Nevada, toute la campagne, toutes les chaînes de l'horizon, dans le mirage d'un coucher de soleil magnifique, c'est un souvenir à garder éternellement et cela vaudrait à soi seul le voyage que nous venions d'accompl r.

Le lendemain de bonne heure, par un temps radieux, nous prenions la direction du marché, *del mercao*, car si, en Catalogne, à Valence, on dit *mercado*, ici du moins, dans la tendre Andalousie, on supprime toutes les duretés de la langue. — Le marché, présentement fort mal installé, (on en construit un nouveau), s'éparpille dans quelques ruelles avoisinant la cathédrale. Il est intéressant par son animation extraordinaire, surtout dans le coin du poisson, dont les marchandes ébranlent l'air et déchirent les oreilles de leurs étourdissants appels. — C'est une habitude à laquelle nous ne manquons guère, que d'aller d'abord au marché de toute ville où nous débarquons : costumes, produits, types, physionomies générales, nous y trouvons toujours notre compte.

Quelques pas, et nous entrons dans la cathédrale : grande et vive impression ; l'édifice est du XVIIe siècle, de magnifique allure, vaste, bien équilibré, sobrement mais puissamment orné dans son gros œuvre. De beaux piliers formés par quatre pilastres ronds et cannelés, supportent de riches chapiteaux corinthiens, puis un entablement élégant, d'où s'élancent à leur tour, d'un jet bien enlevé, les nervures de la voûte. Une abside très ample, doublée d'un petit pourtour pratiqué dans les piliers du chœur qui, lui-même est absolument rond, donne accès à des chapelles nombreuses et d'une excessive richesse : enfin le chœur est surmonté d'une coupole très habile de proportions et décor.

Sur un mur, à droite du chœur, est un grand bas-relief, représentant un chevalier armé, d'un caractère fort remarquable ; il est entouré d'attributs, de rinceaux, de feuillage, le tout doré et fort ornemental. Je n'ai pu savoir de quoi il s'agissait.

Tout près de là est la belle entrée gothique de la *capilla Real*, que je n'hésite pas à placer au rang des plus rares merveilles. Sous une voûte à fines nervures et à clefs dorées, s'élève une haute et admirable grille clôturant le chœur. Ce doit être le fait d'ouvriers allemands, car, parmi les nombreuses figures qui s'agitent dans sa frise, il y a des tourmenteurs, des bourreaux de Saint Jean Baptiste et de Saint Jean l'évangéliste, qu'on croirait dessinés par le crayon d'Albert Dürer. Un chef-d'œuvre, cette grille : toute en fer avec ses motifs dorés, et quels motifs! Les armes d'Aragon et de Castille combinées avec les armes d'Autriche, et portées par l'aigle à deux têtes, s'y épanouissent à côté des F et des Y couronnés de Ferdinand et d'Isabelle, à côté aussi de leurs emblèmes le Joug (Jugo) et les flèches renversées. Disons ici d'ailleurs, une fois pour toutes, que ces divers attributs se retrouvent absolument partout dans Grenade. Il semble que la mémoire de *Los Reyes católicos*, y soit encore aussi vivante, aussi vénérée qu'aux premiers jours ; églises, chapelles, couvents académies, collèges, instituts, etc., portent à profusion ces emblèmes et ces armes.

C'est le 1er janvier 1492 que Grenade fut prise. Or, on me contait hier que chaque année, au matin de ce même jour, l'alcade et tout son conseil en costume d'apparat, viennent se placer au balcon d'honneur de l'Ayuntamiento, et lors, de toutes les forces de sa voix, l'alcade s'écrie : « Grenade, Grenade, pour les rois catholiques nos souvenirs! Vive Grenade! » Vive Grenade! et douze fois le peuple assemblé sur la place, répond avec transports : *Viva Granada !*

Sur quoi, le cortège se rend à la Chapelle royale, et après une station aux tombeaux des Libérateurs de la cité, assiste dans la cathédrale à un service solennel. Car les cendres de Ferdinand et d'Isabelle reposent dans cette chapelle sous un splendide mausolée en marbre de Carare, et tout à côté, un autre monument de forme presque identique, mais beaucoup moins parfait, fut consacré jadis à Philippe le Beau et à Jeanne la Folle. Une crypte est au-dessous, où reposent ces quatre personnages avec un jeune enfant de Philippe et de Jeanne, la princesse Marie. On leva une grille et nous descendîmes. Les cinq cercueils de plomb sont à découvert et se reconnaissent à de grandes initiales en or, avec couronnes: ceux des rois catholiques au milieu, ceux de Philippe et de sa femme à droite et à gauche sur des murettes à hauteur d'appui. La mise en scène est simple, mais je ne m'en sentis pas moins remué par la pensée de tant de grandeurs et le spectacle de tant de néant. Un misérable gamin qui nous avait suivis, — ces petits mendiants se fourrent partout, — s'était-il pas huché et assis sur la tombe d'Isabelle, les pieds sur celle de son époux. Je le fis déguerpir d'importance.

Remontés au jour, nous fîmes d'abord de longues stations devant les stalles du petit chapitre de cette chapelle : elle a un chapitre en effet, qui, chaque matin, y célèbre la messe en pompe pour le couple royal, et qui, revêtant ensuite les ornements noirs, s'en va donner l'absoute à la tête des tombeaux, au-dessus du soupirail de la crypte. Ces stalles donc, comme le lutrin, comme les autels, sont d'un étonnant travail. Il y a trois autels, le grand du milieu, et deux petits. Ces derniers, fort richement sculptés et dorés, montrent, en manière de prédelle, celui-ci les portraits de Philippe et de Jeanne, celui-là les images de Charles-Quint et de Philippe II, avec leurs femmes, couple par couple, de grandeur naturelle, en des costumes superbes, les têtes peintes et d'une vie surprenante, les bustes coupés à mi-corps. Je hasarderai cette seule critique qu'on a gratifié Charles-Quint d'une barbe brune, alors qu'il est de tradition certaine qu'il vécut sous poil roux.

Le retable du maître-autel est à lui seul un morceau hors ligne : tout en bois peint et doré avec des bonshommes de grandeur au moins nature, en ajustements du XVIe, de toute beauté. Là encore, le martyre des deux saints Jean qui sont les patrons de Grenade, puis, une suite de panneaux des plus curieux : 1° Ferdinand et sa vaillante compagne, flanqués du cardinal Medonza et de Gohzalve de Cordoue, partent à cheval pour Grenade, à la tête de leur armée ; 2° Boabdil, suivi d'un écuyer qui mène son destrier, apporte les clefs de la ville aux vainqueurs ; les Maures défilent les mains liées ; 3° le baptême des Maures, en bloc, celui de leurs femmes à demi voilées et pourvues de bottes. Il y a des heures entières à passer devant ces figures, admirables de mouvement et d'expression.

Joignez à cela, que le Roi et la Reine, en grand, se tiennent agenouillés sur deux prie-Dieu, de chaque côté de l'autel et achèvent de lui donner une importance extraordinaire.

Nous pénétrons dans la sacristie, grande et belle salle ; des tableaux nombreux de *Ribera*, d'*Alonzo Cano ;* de ce dernier, qui sculptait aussi bien qu'il peignait, une Vierge et un Saint Laurent d'un vrai mérite ; deux portraits de *los Reyes* et deux statues aussi fort intéressantes. Ferdinand avait une bonne face large, le nez un peu aplati, beaucoup de ressemblance avec notre Louis XII. Isabelle était bien Espagnole, les cheveux noirs, un beau teint, de beaux yeux, des sourcils bien arqués, la bouche petite et rouge et le menton saillant qui indique le caractère. Leurs images, très répandues à Grenade, ne laissent aucun doute sur les traits qu'il leur faut attribuer.

Dans une armoire qu'on ouvre devant nous, sont conservés, avec nombre d'ornements finement brodés, l'épée du Roi, la couronne de la Reine, un cadre en argent massif contenant une très belle peinture de Van Eyck ou de son école; un coffret qui servait à Ferdinand et à son épouse, or et argent, splendide; leur livre de prières; la chasuble avec laquelle Mendoza célébra la première messe dans Grenade, après sa reddition, etc. etc.

Tant de choses à voir, en aussi peu de temps, sont vraiment pour énerver. Aussi, n'avons-nous donné qu'une mince attention à la chapelle collégiale, véritable église, qui fait comme le prolongement de la Capilla Réal, et, comme elle, est accolée à la cathédrale. C'est pourtant un beau vaisseau et qui serait fort apprécié partout ailleurs. Enfin nous sommes sortis de ce pâté de monuments, par une délicieuse petite place tout entourée de constructions des XVe et XVIe siècles, avec des colonnades, des sculptures, des galeries, à charmer les plus difficiles. Près de là encore, est une sorte de bazar où se retrouvent en stucs, arceaux, décors, etc., toutes les recherches de l'art arabe.

Quelques heures plus tard, en compagnie des A. qui nous ont rejoints après une assez mauvaise traversée, nous parcourions la plaisante promenade qu'on nomme *El Salon*, et nous mettions à gravir par de rudes pentes mal bâties la côte de l'Alhambra. Et, comme nous allions y pénétrer, voici que nous nous trouvons en présence d'Alphonse D. et de sa femme, escortés de trois jeunes seigneurs lillois par eux rencontrés aux environs de Barcelone et qui nous sont successivement nommés. Les nouveaux mariés sont à Grenade depuis quelques jours et, sur ce que nous leur confions de nos projets ultérieurs, manifestent immédiatement l'intention de s'y associer. Nous ne pouvons qu'en être enchantés; les deux jeunes voyageuses se sont déjà rapprochées, et, si charmant que soit notre commerce masculin, il est manifeste qu'elles seront fort aises de pouvoir s'épancher un peu entre femmes. Quant aux trois seigneurs lillois, nous les retrouverons immanquablement quelque part sur notre route, mais à cette heure ils vont partir pour passer de Malaga à Gibraltar, par la montagne de Ronda, trajet plus fatigant que dangereux, quoi qu'on en dise.

C'est au milieu de cet escadron bruyant, auquel se joignit bientôt M. Long... arrivé de la veille, que nous fîmes notre première entrée dans l'Alhambra. Tout au contraire de cette aimable gaieté, un certain recueillement eût été nécessaire. Par deux fois j'ai réussi à m'isoler, mais ce n'en a pas moins été une impression manquée.

L'*Alhambra* est le nom qu'on donne fort improprement à tout l'ensemble des constructions enfermées dans l'enceinte arabe qui domine Grenade. On ne devrait en réalité l'appliquer qu'à la suite de cours et de salles qui subsistent encore du fait des Maures et où l'on va chercher la dernière expression de leur art architectural et décoratif.

Ce qu'on trouve d'abord en entrant, c'est la *Cour des Myrtes*, des *Arrayanes*, avec une belle nappe d'eau et au bout la fameuse *salle des Ambassadeurs* qui remplit toute la tour de *Comares*. On entre ensuite dans la *Cour des Lions*, avec sa fontaine, ses colonnettes, ses deux petits édicules, ses ciselures merveilleuses et les deux belles salles dites des *Deux sœurs* et des *Abencerrages ;* cette dernière fut le théâtre de leur épouvantable massacre et l'imagination, toujours désireuse d'être frappée, accueille volontiers l'assertion du guide qui montre la grande tache de rouille du bassin comme la trace de ce noble sang si traîtreusement répandu. — Que vous dire de toutes ces salles et galeries qui n'ait été dit mille et mille fois ? C'est fin, recherché, mièvre, sans relief ; il y a des colorations délicates, des plafonds charmants, des *azulejos* (des faïences) très précieux, oui, oui, tout cela est vrai, tout cela est certain, mais j'aime mieux notre art français et même la Renaissance italienne. Ce n'est pas que ce ne soit joli, et que cela ne fasse plaisir, — mais cela n'*empoigne* pas ; vous me comprenez.

A la suite de ces deux cours principales, il y en a à l'infini ; il y a des bains, des étuves, des *tepidarium*, il y a le *Tocador de la Reyna* orné de fresques, il y a des cloîtres, que sais-je encore ? C'est un indescriptible dédale ; mais les deux cours susdites priment tout le reste et c'est toujours là qu'il faut revenir pour bien juger de cet art si particulier.

Je me reprocherais de ne vous point parler de ce vase de l'Alhambra qu'on donne pour la merveille des merveilles céramiques ; j'avoue pourtant à ma honte qu'il m'a laissé parfaitement froid. La forme ? Oui, la forme est belle, mais nous avons vu ce galbe maintes et maintes fois. La matière ? Certes, l'émail en est fin, mais il y a aussi bien. La couleur ? c'est doux et fade, bleu clair, gris, jaune et crème avec des ors assez effacés.

L'une des anses n'existe plus qu'à moitié. On attribue à ce vase une valeur insensée : je l'eusse rencontré chez un brocanteur, sans en avoir jamais ouï parler, qu'en vérité je ne l'aurais pas bien ardemment marchandé : ce doit être de ma faute et je retournerai l'examiner de près plus posément; mais je crois bien pourtant que c'est encore là une réputation surfaite.

A l'Alhambra est adossé le Palais que Charles-Quint se fit construire en écornant fortement les Arabes, et qui ne fut jamais achevé. C'est une singulière conception : un vaste rectangle enfermant une cour circulaire garnie de deux rangs de galeries. La chose est certainement agréable à l'œil, mais c'eût été, ce semble, inhabitable; quant aux trois façades extérieures, elles sont d'un style distingué, calme, sobre, avec un soubassement en grosses assises pointillées qui sent son florentin d'une lieue.

Une église s'élève non loin de ce palais; rien à en dire, non plus que des masures et posadas misérables qui déshonorent toute la partie de l'enceinte opposée à la ville. Celle, au contraire, qui la regarde, n'est qu'une sorte de forteresse aux vieux murs rougis, où se rencontre le gracieux petit jardin de l'*Alcazaba* et cette tour de la Vela dont je vous ai déjà parlé.

Vous comprendrez bien la configuration des lieux si vous considérez trois doigts de votre main; ils vous représentent trois petits contreforts détachés de la sierra, entre lesquels deux ravins s'en vont glissant vers la vallée. Le premier de ces contreforts, celui de gauche, qui est aussi le plus bas, commence à *Los Martyres*, la Villa *del señor Calderon*, pour finir aux *Tours Vermeilles* converties en prison. Entre lui et le contrefort de l'Alhambra, le ravin est coupé par de grandes allées bien dessinées, planté de beaux arbres en bosquet et arrosé d'eaux abondantes, qui forment partout de gentilles cascades; c'est par là que l'accès est le plus normal et praticable aux voitures. Sur l'autre versant de l'Alhambra, le second ravin descend vers l'Albaycin entre les tours de la Princesse et de Comares et les jardins du Généralife, qui occupent le troisième et plus haut doigt. Tout ce cadre est enchanteur.

Munis d'une autorisation de l'agent consulaire d'Italie qui fait ici l'intendant du Prince Sallavicini, marquis de Monte-Tejar par sa mère, et propriétaire du Généralife, nous avons visité cette case tant aimée des rois maures. Comme monument, c'est d'une extrême médiocrité. Une suite de cours, à divers étages, largement pourvues de bassins et de jets d'eau, avec des ifs ridiculement taillés et torturés, conduit au *mirador* supérieur d'où la vue est splendide. C'est celle même dont on jouit de la plate-forme de la Vela, mais avec une perception beaucoup plus directe et plus saisissante de la Sierra Nevada, et avec l'Alhambra en plus qui fait aux pieds du spectateur un premier plan sans pareil. On a donc cent raisons de vanter la vue du Généralife, mais cela seulement. La villa contient une série de Rois et de Reines d'Espagne dont plusieurs donnent à rire. En revanche, Mlle *la portera*, lisez concierge, est un fort joli morceau qui s'en doute bien. On arrive à son huis par une longue allée de cyprès non banale; quelques-uns sont âgés de cinq à six cents ans et on montre dans une des cours celui *de la Sultane* auquel on en donne généreusement mille. Cet arbre aurait vu bien des choses, à ce que dit la légende; il n'en verra plus autant, car il se meurt.

Une excursion très curieuse à faire, c'est celle du *Monte Sacro*, quartier général des gitanos. Ils vivent là dans des repaires creusés à même le rocher, véritables troglodytes qui cachent leurs vices et leurs crasses derrière des paravents de puissants cactus. Au premier abord on ne discerne rien, mais en suivant les lacets étroits qui serpentent au travers de ces végétations tropicales, on découvre à chaque pas quelque porte couleur de pierre, et dans la pénombre se détachent des têtes bistrées dont l'expression n'est pas toujours caressante. Je parle des adultes, car les petits on les a entre les jambes, sur les talons, devant soi, dans ses poches, grouillant, gesticulant, glapissant, puant, chantant, dansant, mimant, grimaçant, se bousculant, dardant des regards d'émail noir dans des faces couleur tabac, riant, pleurant, tendant la main, intelligents en diable, malins et coquins dès le berceau. J'ai encore devant les yeux, entre quarante autres, deux ou trois petites fillettes de six à huit ans, qui devaient bien être les plus fieffées gredines, en toutes façons, que l'Enfer ait jamais enfantées! *Señorito, una roquita!* Quand on a été deux heures assassiné de cette formule mille fois répétée, on a grande démangeaison de cogner sur une marmaille si odieuse et si tenace. Mais c'est d'un cachet hors ligne. Les gitanos, d'un air attendri, contemplent les singeries basses de leur progéniture; les Espagnols, au contraire, si l'on en croise, invectivent rudement cette vermine et la calment momentanément. Car Espagnols et Gitanos n'ont rien de commun; ces derniers sont de vrais bohémiens, obéissant au Grand Coësre, ayant leurs chefs, leurs lois, de religion point, et vivant de vol, de mules tondues, de maquignonnage et de métiers vils. Ils sont laids et ont l'air dur; les femelles sont atroces pour la plupart, repoussantes même, avec des râteliers admirables, voire dans les vieilles bouches;

une seule qui s'est tenue à l'écart, dédaigneusement, aurait pu être folie, si elle se fût lavée dans un océan de javelle.

Quelles existences ! Ces trous en contre-bas d'un chemin qui n'a pas toujours un mètre de large, enveloppés de cactus énormes qui leur cachent le ciel, ne recevant d'air que par la porte constamment ouverte et par la cheminée, autre trou qui jette sa fumée entre les grands aloès ! Et quelle promenade que la nôtre au milieu de tout cela ! Vous avez vu l'été, en traversant les bois, un pauvre cheval harcelé par les taons qui bourdonnent à l'entour. Tels nous étions pour ces petites mouches venimeuses de gitanos et de gitanas, que nous avions bien des peines à écarter de nos vêtements ; car leur moyen d'appeler l'attention de la victime est de la toucher. J'ai trouvé cela extrêmement intéressant. Mes chers compagnons n'en étaient pas aussi persuadés que moi ; ils ne voulaient voir de la chose que les côtés désobligeants, et maugréant à qui mieux mieux, ils avaient mis entre eux la baronne qui finissait par s'énerver un peu. En fin de compte, nous avons eu la chance d'en sortir sans y laisser de nos plumes et sans y gagner de parasites.

Le temps est redevenu superbe, et nous en avons amplement profité pour visiter Grenade de fond en comble. *La Cartuja*, la Chartreuse, nous a offert des chapelles d'une richesse extravagante, où se mêlent aux dorures des bois toutes les variétés de marbres que produit la Sierra-Nevada, et Dieu sait si elle en est pourvue. Alonzo Cano a doté ce couvent d'un saint Bruno en bois, supérieurement modelé. A *San Geronimo*, j'ai vu la sépulture du grand capitaine Gonzalve de Cordoue. Point d'églises ici dont les autels ne soient rutilants d'or et de peintures. On y voit partout des Christs en croix, revêtus de jupes en étoffes précieuses, montrant des plaies sanglantes et portant de vrais cheveux, souvent même de la barbe vraie comme le Sarasin de Barcelone.

Sur chaque pilier de la cathédrale, une inscription en grosses lettres avertit qu'on ne doit, en ce lieu, ni se promener, ni parler aux femmes, *hablar con mujeres*, ni tenir des réunions et cela sous peine d'excommunication et de deux ducats d'amende pour les œuvres pies. Là, comme ailleurs, un semi abbé se promène pendant les offices, porteur d'un long bâton d'argent, et courant sus aux distraits qui négligeraient de se taire ou de s'agenouiller aux bons moments.

MM. les chanoines ont chacun leur chapelle qui leur sert encore de vestiaire et comme de petit salon. C'est un spectacle également assez drôle de voir, dans les sacristies, les prêtres, qui déposent leurs ornements, rouler une cigarette et l'allumer. Au reste, ils vivent beaucoup plus de la vie commune que chez nous. Il n'est pas rare d'en voir entrer quelqu'un le soir, dans les boutiques les mieux éclairées, s'y installer et y passer de longues heures en commérages sans fin.

La cathédrale de Grenade offre encore cette particularité qu'elle est remplie de chats qui s'y jouent follement et qui entament parfois avec les chiens indiscrets des conversations au vinaigre. L'autre matin, l'un d'eux, gravement assis sur sa queue, suivait des yeux une pauvre femme qui traversait l'église à genoux, par suite de quelque vœu sans doute ou d'une dévotion spéciale; puis il s'élança sur un bénitier et se mit à y laper longuement l'eau benoite.

Grenade compte plusieurs promenades dont la plus importante, *El Salon*, s'étend au bord du *Genil*; vrai salon de verdure en effet, couvert de grands arbres en berceau. Nous ne nous y sommes pas trouvés à propos pour voir le beau monde. Il n'est pas reçu, au reste, qu'en cette partie du Carême les belles dames se montrent ailleurs qu'aux églises. On insinue à la vérité, et fort méchamment, je le veux croire, qu'elles pourraient bien n'en valoir pas mieux pour cela; que trois sur cinq sont séparées de leurs maris et qu'on aurait bientôt fait de compter celles qui sont sages; mais il convient d'ajouter que l'opinion publique est extrêmement encourageante à ces sortes de faiblesse et qu'on ne prend nul soin de s'en cacher.

Le pelage de la dinde, le bon *flirt*, fleurit ici plus que nulle part ailleurs. Seulement c'est de minuit à trois heures du matin que les serments éternels s'échangent aux fenêtres grillées, et à cette heure-là nous dormons radicalement. L'Espagnol vit la nuit; il doit dormir aussi peu qu'il mange. Peuple sobre en toute chose. On se nourrit volontiers de croûtes sèches; tout est pour l'extérieur et telles gens ont voiture qui mangent des oignons tout au long de l'année.

Pour prendre amoureux, les filles n'ont aucune permission à demander à leurs parents. Un cavalier désœuvré s'arrange pour se faire remarquer à l'église par telle ou telle jolie senorita. C'est toujours à l'église que ça commence. Il lui écrit alors que ses beaux yeux le font mourir, et conclut en sollicitant l'agrément d'aller causer la nuit suivante avec elle. L'autre répond par un oui, si le soupirant lui agrée, ou si elle n'a pour le moment rien autre chose sur la planche. Et ces billets s'échangent ainsi sans mystère par la poste, ou par les valets; et Don Juan vient, minuit sonnant, s'embosser sous le balcon d'Elvire, et cela ne tire à aucune conséquence; ce serait bien plutôt de la gloire pour la belle; et quand on a ainsi plus ou moins longtemps marivaudé, et que ça n'a pas mordu, et que ce n'était qu'une distraction, et qu'on n'a plus rien à se dire, on prétexte, de part ou d'autre, un dissentiment, une petite froideur, et l'on cesse de venir; et l'on en voit de la sorte qui plument maintes et maintes fois la dinde, avant d'aller au sacrement. Que si la famille craint que l'affaire ne tourne au sérieux avec quelque jouvenceau insuffisant, et qu'elle se permette de gêner, d'entraver en rien les épanchements de la donzelle, celle-ci s'en va droit au juge qui la déclare *depositada*; c'est-à-dire qu'elle se rendra dans une maison d'amis ou de proches à ce désignée, et qu'elle y reprendra en toute liberté le cours de ses tendres exercices. Ce serait, dit-on, présentement le cas d'une fille de la plus haute noblesse de Grenade et d'Espagne, de la fille du marquis del T. dont les ancêtres ont vaincu les Maures. Elle est férue d'un simple *alfe-rez*, d'un sous-lieutenant sans fortune et sans nom, et *flirte* désormais chez des amis à la barbe de son père, dont elle portera sans doute, un jour venant, le nom très illustre au jeune militaire qu'elle a distingué. Je leur souhaite bon ménage.

L'administration espagnole ne donne guère en général un spectacle plus édifiant. Chaque gouvernement nettoye tous les employés du gouvernement précédent et amène son personnel. Il en résulte que le fonctionnaire en place, ne pouvant compter sur le lendemain et n'ayant très ordinairement pas le sou, gratte, pille, vole, concussionne tant qu'il peut; et personne ne s'en étonne trop; on dit *Cosas de Spaña* et on absout en pensant que ceux qui arriveront après en feront tout autant. Tout le monde est à vendre en ce pays, ou peu s'en faut. Nous en viendrons quelque jour là avec les procédés républicains. Le pauvre peuple sait à quoi s'en tenir, mais il se dit avec résignation qu'il est fait pour être tondu, et qu'il le soit par Pierre ou par Paul, c'est chose qui finit par lui devenir indifférente. Ainsi on voit tels gouverneurs de province tolérer, en dépit des lois, la roulette dans certains cercles, moyennant qu'on leur verse cent ou deux cents francs par jour; on concède une route, on rend un jugement, tout cela argent comptant. La cause pourrait bien en être cherchée aussi dans les émoluments par trop médiocres qui sont alloués aux serviteurs de l'État; mais ce serait alors un mal sans remède, car l'Espagne n'est pas assez riche pour les mieux payer.

En politique, au dire de gens bien informés, c'est tout aussi drôle. Le gouvernement d'Alphonse XII n'a personne pour lui, que ses ministres et ses employés, et encore! On est ou carliste, ou républicain. Cette dernière opinion est absolument dominante en Andalousie, et prospère plutôt dans le Midi, alors que le Nord de la Péninsule est blanc. Mais carlistes et républicains sont divisés en une infinité de petits sous-genres, et la faiblesse qui en résulte assure provisoirement le maintien de la monarchie actuelle.

Nous venons d'appliquer notre dernière journée à revoir l'Alhambra, *intus et extrà*. Comme à ma première visite, j'en ai trouvé l'intérieur très délicat, fin et curieux, mais il m'est impossible de comprendre l'ardent enthousiasme qu'inspire cet art là à tant de mes semblables. Extérieurement et vu de l'Albaycin, de la terrasse Saint-Nicolas, où j'étais ce soir à la chute du jour, la façade est de la dernière splendeur.

En résumé, nous quittons Grenade enchantés. Nous allons de satisfactions en transports. Que nous réserve donc l'avenir? Nous partons demain matin à cinq heures. Les A. sont partis aujourd'hui et je crois que les Alphonse D. ont dû prendre le même train qu'eux. Nous nous retrouverons à Malaga demain soir, où nous devons dimanche nous embarquer pour Gibraltar. J'y trouverai vos lettres et m'en réjouis fort.

L'ami Henry s'est aujourd'hui payé, chez une brocanteuse de la place Neuve, un fort lot de verroterie taillée, dont on verra l'effet cet automne, sur le dressoir de la Forêt... J'espère que vous ne vous plaindrez pas de ma paresse; je fais de mon mieux pour que vous voyagiez sans fatigue...

Gibraltar, lundi 27 mars.

Vous m'avez causé, chers amis, une vive joie, en m'écrivant à Malaga. Je n'y comptais point, mais comme j'attendais la réponse d'un hôtelier de Séville (car il faut s'y prendre d'avance pour trouver, à la semaine sainte, un logis tel quel dans cette ville envahie), j'avais flairé dans le bureau de la Fonda un gros paquet de lettres en souffrance, je l'avais saisi et je le feuilletais sans grand émoi, quand vos bonnes écritures m'ont sauté aux yeux. Ce plaisir, pour inattendu qu'il était, n'en a été que plus vif ! ce qui ne m'empêche pas de calculer avec gourmandise que, vers la fin de la semaine, je trouverai à Cadix tout un paquet d'enveloppes à mon adresse...

Il m'est bien agréable de penser que mes lettres vous amusent ou tout au moins vous intéressent. J'y mets un peu de tout, pêle-mêle; le temps me manquerait pour y introduire de la méthode et de la clarté; mais, si imparfaites qu'elles soient, elles vous donneront, je l'espère, une idée de ce qu'est l'Espagne, pays plein de beautés, avec certaines laideurs, mais au total une saveur très originale et bien plus attachant que l'Italie à mon gré...

Ce n'a pas été sans tristesse, croyez-le, que nous avons dit adieu samedi dernier à cette pittoresque Grenade, à cette ville étrange, mélange de lumière et d'ombre, d'or et de boue, une des plus précieuses *places* assurément qu'il soit donné aux touristes de pouvoir étudier. — Hélas! on est en train de l'abîmer comme il faut, j'entends de la moderniser. On y ouvre un grand bêta de boulevard bien aligné qui va mettre du jour jusque dans *Zacatín*, cette vieille et sympathique rue des orfèvres et gros marchands, où l'on ne voyait pas clair à midi. Cette percée troue l'antique cité en plein cœur et détruit d'adorables masures. Vous verrez que bientôt on *haussmanisera* jusqu'au Monte Sacro! *Pobrecitas Gitanas!*

Un petit incident me revient touchant ces *niñas* qui nous y poursuivaient avec tant d'acharnement. Elles avaient fini par se rabattre sur moi, jugeant sans doute, avec le flair de la bête de proie, que je pourrais être de meilleure prise, parce que plus sensible que mes compagnons à l'étrangeté de leurs allures. Mais je ne leur donnais rien, suivant l'expresse recommandation qui nous en avait été faite, et toutes leurs offres de danser, de mimer, de chanter, demeuraient en pure perte. Elles n'en persévéraient pas moins obstinément, lorsque l'une d'elles, impatientée de ma longue résistance, me dit en espagnol de *gitana*, bien entendu : « Allons, donnez-nous *una peseta* pour nous toutes et nous vous laisserons la paix. » Et comme ce marché n'était pas immédiatement accepté de votre serviteur, une autre, après un moment de réflexion, ajouta : « Si par hasard, vous n'avez pas de monnaie, nous pourrions vous changer (*cambiar*). » C'est grand comme le monde, n'est-ce pas?

A noter aussi un effet d'optique très surprenant dans une des fresques de la Cartuja. Au milieu d'une galerie, l'artiste a peint un martyr attaché par les pieds à quatre chevaux qui l'entraînent, plus différents personnages également à cheval qui assistent à l'opération. Or voici le phénomène.

Lorsque, longeant la galerie, on approche du panneau par sa gauche, les chevaux présentent la croupe au spectateur et tirent leur victime en s'éloignant de lui. Qu'il dépasse la fresque et s'aille placer à sa droite et il constatera, non sans étonnement, que chevaux et martyr sont retournés et que cette fois encore, au lieu de marcher sur lui, ils lui montrent le dos et s'en vont, les uns enlevant l'autre, dans le sens opposé à celui qu'on croyait d'abord. Et notez que le mur est plat et qu'il n'y a, à y regarder de près, aucun artifice de peinture, ni de dessin ni d'éclairage. Nous n'avons pas su nous expliquer cela.

De Grenade à Malaga, mais surtout de Bobadilla à Malaga, la route est admirable. On commence par une chaîne de montagnes horriblement bouleversées, et la voie, tantôt en tunnels, tantôt en corniche, est un vrai tour de force d'exécution ; l'œil plonge à pic sur des profondeurs effarouchantes et l'on a sur la tête de hauts rochers déchiquetés à plaisir. Vingt et un tunnels coup sur coup, une heure et demie de traversée extravagante, et l'on entre à l'improviste dans une vallée d'une remarquable richesse. Les orangers, les citronniers doux y sont généralement beaucoup plus vieux, plus élevés, plus gros que dans la *huerta* de Valence ; la plupart ont le diamètre de ce marronnier qui touche au chalet de B. ; des palmiers, des bananiers chargés de fruits, des cactus, des néfliers du Japon avec leurs baies, une culture soignée à l'excès, de ci de là de véritables bois d'eucalyptus superbes, font de cette région un véritable Éden.

Les deux ménages étaient venus très amiablement vers la gare à notre rencontre ; la veille ils avaient fait route ensemble, et il est arrivé ce que j'avais tout de suite prévu, c'est que les deux jeunes femmes se sont accrochées l'une à l'autre avec cette soif de petites confidences naturelle à des pauvrettes réduites depuis des semaines à la société du sexe laid ; il est arrivé qu'elles ne se quittent plus et nous aurons bientôt des allures de caravane, car là aussi nous avons retrouvé les trois Lillois de l'Alhambra qui m'ont tout l'air de suivre le même itinéraire que nous. MM. de V., Sch. et le Cte de P., ont de vingt-cinq à vingt-huit ans, sont bien élevés, intelligents et sympathiques. Ce seraient de très bonnes recrues.

Malaga n'a rien de bien intéressant sous le rapport des arts. La cathédrale est un succédané de celle de Grenade, et ne présente à l'intérieur qu'un détail à signaler ; deux grandes cages pleines de canaris sont fixées aux piliers du chœur et je n'ai pas besoin de vous dire si leurs habitants emplumés font un dessus cocasse aux incantations des chanoines. Les rues forment un labyrinthe très compliqué où *serros* et *bow-windows* s'épanouissent plus encore que dans les précédentes villes et sont d'un soigné, d'un coquet charmant. Ces verrues vitrées qui saillent des maisons, à la place de chaque fenêtre, donnent aux façades des reliefs curieux ; il est rare d'ailleurs, surtout à partir de quatre heures du soir, que chacune d'elles ne soit pas hantée par une ou plusieurs femmes ; la vie à la fenêtre, l'accoudoir, paraissent être la grande jouissance de l'Espagnole ; de là elle surveille les passants, épie ses voisines, et échange le plus souvent ses observations bienveillantes avec la dame d'en face. C'est un spectacle assez piquant.

J'ai cependant vu beaucoup de ces princesses vraiment jolies, — leur réputation n'est pas surfaite, — à l'Alameda, où il y avait musique, et les plus élégantes au quai du Port. Ce quai, cassé de plusieurs coudes et bordé de larges trottoirs, mène au môle qui porte un phare de grande taille. Les voitures suivent le quai, le môle, font le tour du phare et retournent sur leurs pas pour recommencer vingt fois : c'est au reste une fort agréable promenade, car le port est animé, avec des bateaux, des steamers assez nombreux, un va-et-vient continuel et sur le parapet toute une population assise de marins et de flâneurs. Du môle on embrasse le panorama de la ville entière, dont la masse imposante de la Cathédrale fait le principal morceau, et que couronnent une citadelle assez semblable à celle d'Alicante et de hautes montagnes.

La nuit venue, l'animation des rues est extraordinaire : c'est, dans ces voies étroites, une poussée, une bousculade, une gaieté, *una allegria* dont on n'a pas idée. Le type féminin se distingue par la tournure, qui est élégante et noble, par un teint mat et fin, des yeux toujours noirs, de belles dents, un profil grec, une tête bien attachée et une chevelure brune superbe. Aussi *las malagueñas* vont-elles toujours tête nue, quand elles n'arborent pas *las modas de Paris*.

J'ai vu, à la clarté des lanternes, une place qui n'était qu'un parterre adorable d'arums, de geraniums et de verveines. Au milieu une colonne en l'honneur d'un général fusillé pour la liberté. L'intrigant!

Le lendemain, dès l'aurore, nous nous embarquions pour Gibraltar sur un assez vilain bateau, et comme il ne partit pas à l'heure annoncée, j'eus le temps de faire un croquis du port, tout piqueté de blanches mouettes, et de la cité noyée dans les buées d'un matin radieux. Traversée de neuf heures; mer idéale, sans une ride: la côte toujours en vue qui est fort belle et dominée par la *Sierra-Bermeja* (la montagne vermeille). De jolies petites villes, *Estepona* entre autres, l'émaillent de leurs maisons pimpantes. Et nous avons coupé le temps en déjeunant sur le pont très gaiement. Les jetées de Malaga sont à peine franchies qu'on aperçoit émergeant de l'eau, deux espèces de grosses bornes. C'est la côte africaine et Ceuta; en face une autre roche longue, c'est Gibraltar. À mesure qu'on s'en rapproche, celle-ci prend plus d'importance et dessine plus puissamment ses menaçantes arêtes. En même temps nous voyons se détacher les unes au-dessus des autres au Maroc, plusieurs grandes chaînes couvertes de neiges. A chaque instant nous croisons quelque navire à vapeur ou à voile; cette mer est la plus sillonnée du globe. On approche encore: le spectacle prend du grandiose. Le rocher anglais, sentinelle colossale, semble complètement détaché du continent. Il a 450 mètres de haut; on dirait d'une île; mais voici qu'une forêt de mâts apparait entre lui et l'Espagne. Qu'est-ce donc? Ce sont les bateaux de la baie d'Algésiras. Gibraltar est lié à l'Espagne par une langue de terre excessivement plate qu'on ne découvre que de très près, et ces navires sont ancrés au delà de cette langue encore cachée à nos yeux.

Cependant, la lorgnette à la main, nous commençons à distinguer dans la masse du rocher certaines embrasures des canons britanniques; les détails se font plus précis, des batteries rasantes se dessinent, nous voici enfin au pied du monstre. C'est magnifique, cette immense muraille sombre et aride, et tout hérissée comme un porc-épic gigantesque. Un coup de barre, et nous doublons la pointe d'Europe, et la rade d'Algésiras se découvre dans sa beauté ensoleillée, et nous glissons devant l'autre face du rocher, si absolument différente de la première, toute verte et toute riante celle-ci, toute semée de villas roses, de frais parterres et d'élégants parasols! Et nous ne sommes arrachés à cet enchantement que par la chute de l'ancre, et par l'envahissement du pont...

Je pensais pouvoir continuer cette lettre, chère amie, et répondre aux divers paragraphes de la vôtre; mais on me vient prévenir que le bateau de Tanger n'attend plus que moi. La courtoisie et la prudence me conseillent également de me hâter; je vous laisse donc aux portes de Gibraltar; nous nous y retrouverons bientôt. En route pour la terre d'Afrique! Il fait beau temps!...

Gibraltar, 30 mars, soir.

Me voici, bien chers amis, de retour de Tanger où j'ai passé quarante-huit ravissantes heures. Je suis, vous le savez, presque plus sensible encore aux côtés pittoresques qu'aux richesses artistiques d'un pays que je traverse, et j'ai trouvé au Maroc du pittoresque par-dessus la tête. On ne m'en avait rien dit à l'avance de très excitant : je savais que les monuments en sont rares et pauvres, et je poussais cette pointe par une sorte d'acquit de conscience, plutôt pour toucher le sol africain que pour autre chose. Aussi quelle a été ma surprise, quels mon transport et ma curiosité en tombant au milieu d'une population demeurée tout à fait intacte à l'égard des mœurs, du costume, des habitudes, des habitations. L'Orient est là tout entier, dans son immuabilité, dans sa couleur, dans sa saveur particulières : je ne dis pas dans son parfum. Sauf deux ou trois maisons, la ville de Tanger est absolument arabe : petites ruelles blanchies à la chaux, petites portes à gros clous, petites cours où l'on entrevoit parfois quelque profil de femme effarée qui fait tout aussitôt fermer l'entrée par sa servante, mosquées à minarets, terrasses, pavés indignes, et, dans tous les sens, une circulation invraisemblable, circulation de fourmilière en délire, où se mêlent les beaux pachas à belle barbe bien taillée, les marchands d'eau tintant leurs sonnettes et portant sur la hanche leurs grosses outres en peau de chèvre, les femmes enveloppées de blanc et dont on ne voit le plus souvent que les yeux, les nègres presque nus courbés sous de lourds fardeaux, les soldats vêtus comme des Bédouins et reconnaissables seulement à leurs longs fusils, les chérifs dont chacun s'empresse à baiser les mains et la robe, les cawas armés jusqu'aux dents, les marchands juifs aux élégants costumes, les belles juives serrées aux hanches par des ceintures éclatantes, les petits ânes chargés à en crever, les chameaux qui crient, les jongleurs, les montreurs de serpents, etc., etc.; et parmi tout cela l'élément européen, tellement rare et noyé qu'on ne l'aperçoit même pas, et que, dans cette foule incessamment grouillante, on peut rester parfois des heures sans constater la présence d'une jaquette ou d'un chapeau rond; si j'ajoute, au reste, qu'il y a douze Français établis à Tanger, dont la population oscille entre vingt-cinq et quarante mille habitants, vous pourrez juger du peu de place que tient la civilisation dans ce milieu essentiellement curieux.

Plusieurs circonstances heureuses ont favorisé notre rapide excursion. Et d'abord, sur le bateau qui nous menait, *la Manoubia*, des Messageries Nationales, avait pris passage le grand Chérif de l'Ouazzan, descendant authentique de Mahomet, par la main gauche, et jouissant comme tel d'un énorme prestige religieux et politique. Il revenait d'Oran où le sultan du Maroc l'avait envoyé à la prière de la France, et sans doute aussi dans son propre intérêt, pour conseiller la paix à Bou-Ammana et à Si-Sliman. Le pont du paquebot était couvert de ses serviteurs, des chevaux et des chiens dont on venait de lui faire hommage, le tout assez détérioré par le mal de mer et dans des attitudes, dans des groupements pleins de style. Quant au Chérif, un brave original qui a épousé une vieille Anglaise à la barbe du Prophète, il se tenait strictement enfermé dans sa cabine. Toujours est-il qu'à notre arrivée à Tanger, nous trouvâmes l'estacade et la grève qui tient lieu de port, et les remparts et les terrasses, couverts de pachas, de fonctionnaires, d'arabes, de femmes, d'enfants, tableau brillant, miroitant, animé au possible et dont je ne pouvais me rassasier.

Un débarquement est toujours chose amusante à mon gré, mais cela est surtout vrai dans une rade comme celle-ci, où le siège du navire est fait par des embarcations bigarrées, par des matelots étranges de couleurs, d'accoutrements, de figures, de cris et de langage, sur cette mer d'un bleu profond, sous ce soleil éclatant, en face de cette ville orientale toute blanche, aux maisons étagées et aux collines vertes, avec tout ce concours de peuple ondoyant et bariolé : j'aurais voulu que cela durât longtemps.

Enfin, nous descendons à notre tour dans un canot conduit par trois moricauds et franchissons rapidement les mille ou douze cents mètres qui nous séparent du plancher des vaches. Les navires, en effet, ne sauraient approcher davantage puisqu'il n'y a pas de fond, pas de port et pas de cales, et l'opération est particulièrement cocasse lorsqu'il s'agit de mettre des animaux à terre. On voit alors les chalands qui les portent piquer tout droit dans le sable, et l'équipage jeter à l'eau, par-dessus bord, les pauvres bêtes qui gagnent la rive en nageant. C'est ainsi qu'ont atterri sous mes yeux le chenil et les écuries de M. le Chérif.

Car j'avais, fort égoïstement, je le confesse, laissé vaquer les camarades aux soins de notre installation; j'aurais mieux aimé vraiment dîner par cœur et coucher à la belle étoile que de perdre dix minutes de mon spectacle, et je demeurai sur la plage au milieu des indigènes jusqu'au débarquer du saint personnage. Il se fit longtemps attendre; sa chaste et couperosée moitié semblait inquiète; les seigneurs s'agitaient, les commentaires allaient leur train; nous comprîmes enfin la cause de tant de lenteurs. Le *sâng de Mahumet* ne marchait rien moins que droit : il avait, durant la traversée, trop largement fêté la cave du coq, et son équilibre ambulatoire en était dérangé. Mais bast! dans ces pays de fanatisme, le prestige ne tient pas à si peu de chose. Tous les gros bonnets donc l'ayant, à tour de rôle, étreint, nous le vîmes passer soutenu d'un côté par Madame la Chérife, de l'autre par un fort pacha, précédé de ses gardes qui lui ouvraient péniblement le chemin à grands coups de matraque, escorté du gouverneur à cheval, les clefs de la ville en main, au milieu de cris, de poussées, de baisements de main, de saluts, de hurrahs frénétiques, dans un brouhaha sans nom. Son palais, ou pour dire plus vrai sa demeure, s'élève au-dessus de la porte du port et je pouvais lorgner ses nombreuses femmes qui, voilées ou à peu près, et entassées aux fenêtres, semblaient prendre à ce retour un intérêt particulier.

Je gravis dans le sillon des fidèles les premières rampes de la rue du Zocco, l'artère majeure de Tanger ; cette foule qui se hâtait devant moi, haillons et riches étoffes, jambes nues et babouches brodées, turbans superbes et crânes pelés, m'entraînait invinciblement, et j'arrivai, en brûlant la principale mosquée, à la place du Zocco où se tenait, en dehors des remparts, le marché du soir.

Là des centaines de chameaux couchés, des chevaux au piquet, des femmes accroupies, des marchands de campagne au nombre de plusieurs milliers, des huttes, des tentes pour la nuit, des Aïssouas jonglant avec des serpents ou mangeant de la paille enflammée, des danseurs, des cavaliers de tout costume et de tout poil, formaient un ensemble comme Fromentin ni Frère n'en conçurent jamais de plus attrayant. Je m'y oubliai bien à mon aise et rejoignis sur le tard seulement mes compagnons que je trouvai dans la stupeur.

L'hôtel, le seul hôtel habitable de Tanger, *la villa de France*, était comble; le gros temps avait empêché plusieurs personnes de partir les jours précédents et il ne se trouvait de lits ni pour les trois Lillois ni pour nous deux. Moins malheureux, le petit ménage D. pouvait compter sur une baignoire. Cependant, après maints pourparlers, il fut enfin décidé que le salon serait transformé en dortoir au moyen de matelas mis à terre et d'oreillers qu'Alphonse eut le talent de nous pêcher dans les chambres voisines.

Or, il y avait un bon Suisse qui en détenait quatre pour son usage particulier. Nous lui en enlevâmes trois sans crier gare, et ses lamentations, ses protestations indignées, nous donnèrent un moment de douce hilarité. Ce n'avait point été sans peine, d'ailleurs, que nous avions pu entrer en possession de notre chambrée. Des ladies solennelles s'y étaient installées après le dîner et y tricotaient méthodiquement, sans vouloir comprendre que, mourant de sommeil, nous ne pouvions attendre, pour procéder à notre installation, l'heure et la minute précises de leur retraite accoutumée. Exaspérés de leur résistance, nous finîmes par entrer résolûment, et, nous étant consultés de l'œil, nous commençâmes, sans plus de façons, notre toilette de nuit. Ah! juste ciel! quel émoi, quand nos premiers vêtements tombèrent, quels regards courroucés, quelles malédictions muettes et quelle déroute des bonnes dames! C'était à se tordre.

Le lendemain, autant dire hier, fut marqué par le départ du ministre anglais, sir John D. H., redoutable petit madré, né à Tanger, ne l'ayant jamais quitté, parlant l'hébreu et l'arabe comme sa langue maternelle, véritable maître du pays où on l'accuse d'empêcher tout progrès, ayant de plus conquis une énorme fortune, et qui s'en allait défaire auprès du sultan ce que notre résident y aurait essayé quelques jours avant lui. Ledit résident M. O. est, en effet, depuis une semaine sur le chemin de Maroc avec ses lettres de créance, et sir John le suivra à petites étapes, pour le couler, comme il les a coulés tous, M. Tissot excepté. La mission italienne doit partir aussi sous peu.

Donc c'était hier le tour de l'Anglais et l'animation du port était assez semblable à celle de la veille. Deux navires de guerre britanniques, venus de Gibraltar, des salves envoyées et rendues, des pavillons hissés sur toutes les légations, le gouverneur, les fonctionnaires à cheval avec leurs escortes, venant prendre congé du diplomate, une grande foule de curieux et toujours beaucoup d'agrément pour moi.

En fait de monuments, Tanger n'a que la *Kasba'h*, enceinte à moitié ruinée, qui contient : 1° le palais du gouverneur, avec ses gardes accroupis aux marches de la porte; 2° le Tribunal, simple colonnade où le juge, étendu sur une natte et fumant son narguilhé, écoute les parties, d'un air endormi, tranche le différend d'après les dons qu'il a reçus, et expédie à l'instant même le coupable ou plutôt le condamné dans une bâtisse qui est en face et dont voici la description; 3° la prison : trois marches, un petit vestibule où sont assis les geôliers, la pipe aux dents; une porte ouvrant sur un cabinet noir ; dans cette porte un trou rond de 40 centimètres, et, collées à ce trou, une ou deux faces glabres : les prisonniers. Ils restent parfois là des mois entiers, les malheureux, quand ils ont été enfermés pour quelques heures ; l'incurie! et l'État ne s'occupant nullement de les nourrir, ils n'ont que ce qu'ils peuvent eux-mêmes se procurer; j'ai vu un enfant portant une planche sur sa tête s'approcher du trou, discuter avec un patient le prix d'un des petits pains de la planche, et s'en aller. Si le pauvre diable n'a pas d'argent, si les siens ne lui apportent quelque nourriture, il meurt de faim, tout simplement, et on le jette à la fosse commune. Je veux croire que le cas est rare. Au demeurant, tout le long du jour, il cause par l'embrasure avec ses gardiens ou avec les passants. N'est-ce pas rudimentaire et étrange? 4° Tout à côté la Bourse, construction arabe, bien délabrée, soutenue à l'intérieur par des colonnes, et dont le nom semble une ironie, car il n'y a point d'affaires à Tanger, point de commerce, point d'industrie, par conséquent point besoin de Bourse. 5° Enfin le quartier de cavalerie, une halle sans toiture, où 40 chevaux environ, sans râtelier, sans rien sur le corps, sans corde au col, libres, maigres, efflanqués, hébétés, errent sous la garde de quelques burnous endormis.

Quel pays! quel arriéré! quel abandon de tout! quelle surprenante insouciance! quelles misères aussi et quelle pauvreté du plus grand nombre! L'Arabe est paresseux : il jette sur la terre quelques poignées de grain, puis avec un pieu sur lequel tire un quadrupède étique, il égratigne légèrement l'épiderme du sol. C'est Allah qui donne tout, de lui viennent tous les biens et, s'il lui plaît, cette semence délaissée réussira. Mais il se rencontre des années où Allah est occupé par ailleurs : cette année-ci est du nombre; de l'hiver il n'a plu, rien n'a germé et le Maroc doit s'attendre à une terrible famine. Sans doute, pensez-vous, le gouvernement y portera remède. Le gouvernement! c'est ici chose quasi nominale ; il n'existe pas au Maroc, en quelque sorte, le moindre rudiment d'administration, ni lois, ni règlements, ni police, ni routes, ni finances, rien ou peu s'en faut. Tous les deux ou trois ans, le sultan se dit : « Tiens, tiens, mais il y a longtemps, ce me semble, que la province de Tanger ne m'a fourni de subsides. » Ordre au gouverneur de faire parvenir 200,000 sequins à Maroc ou à Fez. Le Pacha prend la liste de ses Khalifats et décide que celui-ci fournira tant et tant, cet autre, jusqu'à concurrence de cinq à six cents mille sequins, parce qu'il faut bien qu'il lui en reste un peu aux doigts. Les Arabes, qui ne sont pas riches et qui savent qu'on leur réclame beaucoup plus que de raison, refusent carrément de payer et reçoivent les collecteurs à coups de fusil.

Alors le Pacha monte à cheval, et, à la tête de quelques soldats et des tribus ennemies de celle qu'il s'agit d'écorcher, fond sur les rebelles, brûle, tue, pille et rapporte les maravédis. Et en voilà pour quelques années. Et les Marocains se soumettent à ce régime parce qu'ils n'ont aucune idée qu'il puisse en être autrement.

L'excellent Empereur use aussi parfois, pour se procurer des ressources, d'un moyen un peu sans gêne, mais très pratique. Quand un de ses sujets a fait fortune par les exactions, par le commerce ou autrement, on lui envoie l'ordre de verser à la caisse souveraine d'abord telle somme, puis telle autre et telle autre encore ; fait-il, par aventure, mine de regimber, on l'invite à venir s'expliquer à la Cour, il y va, on lui offre une tasse de thé et le sultan hérite de tous les biens du mort. Ceci se produit assez fréquemment, et ce qu'il y a de plus singulier, c'est que les gens ne sont point découragés pour cela de s'enrichir ni de vivre sous ces institutions paternelles. On voit souvent des Marocains, — la race en est intelligente, — s'expatrier, faire au loin un gros sac, et, au lieu d'en jouir paisiblement à l'étranger, revenir au pays où les attendent de pareilles aubaines. Et Dieu sait quels plaisirs peuvent les attirer dans ce milieu terne et monotone !

J'ai rôdé seul durant de longues heures par les ruelles de Tanger ; c'est plein de cachet et d'intérêt. On y surprend deci delà quelques détails de la vie musulmane. La porte extérieure de chaque maison s'ouvre sur un vestibule de six pieds, ouvrant lui-même par une baie latérale sur la petite cour intérieure, où se passe toute la journée de la famille. Cette cour est un carré de quatre mètres environ, garni de nattes sur lesquelles l'on s'accroupit pour les repas, le travail et la sieste.

Vous avez deviné que cette disposition des portes d'entrée est faite pour briser le regard, mais, quelque biaise que soit l'échappée, on y voit tout de même; souvent les enfants viennent au seuil, laissant la vue pénétrer jusqu'au fond de la demeure ; ou bien ce sont des servantes curieuses et moins convaincues que leurs maîtresses de la nécessité d'éviter l'œil impur du Roumi. J'ai rencontré quelques-unes de ces petites drôlesses peu vêtues, dont le minois était vraiment joli et les formes très élégantes. Quant aux femmes, c'est surtout par crainte d'être surprises et châtiées qu'elles dissimulent aussi soigneusement leurs traits, car lorsqu'il n'y a aucun Arabe à l'horizon, certaines d'entre elles, celles qui se croient bien, laissent assez volontiers voir leurs yeux et même tout le visage.

Hier, à la chute du jour, j'étais monté à la Kasbah pour contempler Tanger au soleil couchant, et je m'étais, pour mieux faire, avancé jusqu'à la crête du rocher. A quelques mètres au-dessous de moi, sur une *azolea* (terrasse), se tenait debout une Morisque tout à fait magnifique, grande, bien faite, jeune, beaux yeux, teint ambré, finement tatouée au menton, au front et aux mains, drapée de bleu, la poitrine, les bras, les jambes et les doigts chargés de colliers, d'anneaux et de bagues : le type accompli de la femme marocaine. Un signe de sa servante l'avertit de ma présence ; elle ne bougea pas d'abord et se laissa complaisamment examiner : puis, trouvant sans doute ma persistance importune, elle alla s'asseoir un peu plus loin et se mit à préparer le café. L'autre, très occupée de moi, l'y aidait : c'était un tableau de genre exquis. Malheureusement, au bout de quelques minutes, un bruit de pas se fit entendre. Était-ce le seigneur et maître qui rentrait ? Cela est probable, car les deux femmes disparurent précipitamment.

J'achevai ma promenade en regagnant l'hôtel à travers champs : pas d'expression plus impropre d'ailleurs puisqu'il n'y a de cultivé, autour de Tanger, que les enclos de quatre ou cinq pseudo-villas appartenant à des négociants italiens. Le surplus n'est qu'un sol légèrement ondulé et tout couvert de longs roseaux, ou d'aloès gigantesques; on peut voir auprès des remparts un *yuca* dont le tronc a bien trois mètres de circonférence et qui, à la hauteur de douze ou quinze pieds, se divise en une dizaine de grosses branches, terminées par des bouquets de feuilles. Surprenant ce végétal !

Cette population si primitive est pourtant très inoffensive aux étrangers, et à la seule condition de ne pas regarder les femmes avec trop d'attention, on peut circuler impunément dans tous les quartiers de la ville et sans aucun risque aux environs. Mais la campagne cesse d'être sûre dès que vient le soir : les Bédouins s'y répandent, qui vous tuent un homme comme un hanneton pour le voler, et les Marocains eux-mêmes ne sortent de la ville que bien armés.

La flânerie par les rues, la nuit, est certainement une des distractions les plus originales qu'on se doive offrir en ce pays, et comme très à propos Phœbé bat présentement son plein, nous nous en sommes donné le régal.

Notre auberge est située hors de Tanger, à l'autre extrémité du Zocco. Vers huit heures et demie, le jeune Selam nous venait prendre avec une grosse lanterne à pans coloriés. Nous n'avions pas que lui pour escorte, car dans cette race mendiante à l'excès, tout ce qui baragouine trois mots de français s'improvise cicérone et s'impose au voyageur avec une câlinerie, avec une ténacité étonnantes. Ils étaient donc cinq ou six comme cela, nous guettant à toute heure, et je ne pouvais admirer assez leur flair à deviner nos habitudes et nos goûts : *Missié, be temps pi pender*, « Monsieur, beau temps pour peindre, » me disait celui-ci, car pour eux dessiner ou peindre sont même chose. *Missié, vinir bazar*, me proposait celui-là ; un autre encore me venait informer du passage de tel ou tel de mes amis dans quelque rue avoisinante, et très généralement leur insinuation répondait en moi à quelque secrète pensée. Au départ, il y en eut trois qui m'ont fait ainsi à travers la ville et jusqu'au canot, une véritable conduite de Grenoble. Ils ne m'avaient rendu aucun service, mais comme ils m'avaient, en ces deux jours, quarante fois parlé sans obtenir de réponse, ils se croyaient des droits à mon escarcelle. D'où pouvaient-ils savoir que je partais ce tantôt-là ? qui les avait apostés sur ma route? Mystère. Le fait c'est qu'ils ne me lâchaient pas. « *Missié, donner qui chose, donner qui veut; mèci, bon viage; mèci, Missié.* » Je ne donnais rien, mais ils disaient merci tout de même.

Donc Selam avait seul notre confiance : quatorze ans, leste, bien tourné dans son costume rouge et blanc, jambes nues, babouches jaunes, l'œil éveillé et la mine futée. Sous sa conduite, on arrivait à la porte. Tanger est entouré de murailles et se ferme la nuit. Un cri strident avertissait les soldats de garde, les deux battants s'ouvraient. Les rues pleines de lune sont sillonnées par des ombres d'hommes et de femmes en longs kaïcks : d'autres se tiennent assis au seuil de leur minuscule boutique ; plusieurs couchés en travers de leur porte n'auront pas d'autre gîte jusqu'au jour ; de loin en loin une salle basse et enfumée dans laquelle sept ou huit êtres impassibles, étendus sur les nattes, dégustent le moka fumant. Ce sont des cafés maures. Nous avons visité les deux plus importants. Dans le premier, étroit, étouffant, une huitaine de musiciens, mandolines bizarres, violons extravagants et flûtes enrouées, accompagnaient les voix et la cantilène barbare dont les mains des spectateurs, frappées l'une contre l'autre, soulignaient la mesure à contre-temps. Le second établissement, plus vaste, mieux tenu, plus propre, possède aussi des instrumentistes et des instruments, mais, fatigués sans doute, ils se sont tus, en dépit des objurgations de Selam et de son frère. Nous l'aurions regretté (car cette musique passionne l'Arabe et donne aux physionomies une ardeur incroyable), si un certain chérif, armé d'une longue pique et suivi de six ou sept courtisans, n'avait fait une entrée qui sollicita toute notre attention. Ce saint personnage, dont chacun, même Selam, s'empressa d'aller baiser la main avec de grandes démonstrations de respect, s'affala dans un coin, prit une petite guzla dont il grattait doucement les cordes, se fit servir son café et entama avec le cercle qui s'était formé autour de lui, une controverse animée. Ces burnous noirs, blancs, bleus, ces figures caractérisées, ces gestes, ces ustensiles, cet éclairage, ce milieu, auraient assurément inspiré un pinceau habile.

Nous fûmes aussi voir des danseuses juives. La chose, au préalable, avait fait l'objet d'une négociation tumultueuse entre Selam et certaine vieille sorcière fourbe et rapace. Les juives de Tanger sont souvent belles, mais je dois avouer que des trois qui dansèrent devant nous, une seule, très jeune, quatorze ou quinze ans, était vraiment jolie, souple et fine. Son costume défraîchi ne manquait ni de grâce ni de couleur, et le foulard jaune dont elle était coiffée donnait de la valeur à son teint mat, à ses cheveux sombres et à ses yeux pétillants. De leurs danses, rien à dire. Elles piétinent sur place en quelque sorte, avec des déhanchements qui devraient les exténuer et dont elles ne semblent pas trop fatiguées. L'une d'elles poussait cette dislocation à un degré phénoménal et nos guides en témoignaient une admiration sans bornes. Elles chantèrent ensuite quelques airs arabes assez plaisants ; mais voilà-t-il pas que, pour nous faire honneur sans doute, elles eurent tout à coup l'idée de nous entonner la *Marseillaise!* Nous arrêtâmes les frais aussitôt et reprîmes le chemin de la villa.

Les fidèles gardiens de la porte nous attendaient. On ne sort pas de Tanger comme d'un moulin. On parlemente; on vide ses poches de billon marocain, et on leur en offre plein les deux mains, ce qui peut bien faire l'équivalent de cinquante centimes; dix sous pour toute notre bande, dix sous pour cinq fiers soldats de l'Empereur; ils trouvent que c'est payer trop bon marché leurs complaisances; ils refusent; mais Selam se fâche, les injurie, les menace; Selam est haut comme mon genou, et les cinq bandits tremblants nous livrent le passage.

Ce matin nous avons eu l'agréable spectacle d'un des plus grands marchés de l'année. Dès la veille au soir, cette vaste place, en pente et raboteuse, ce Zocco qui est sous nos fenêtres, commençait à s'emplir de caravanes, d'ânes, de chameaux, etc. Il en était arrivé toute la nuit; en revenant de la maison des juives, nous avions vu tout ce peuple d'humains et de bêtes étendu sur le sol et dormant confortablement par une température qui ne nous semblait pourtant pas très chaude; quelques jeunes dromadaires nous avaient éventés et avaient mugi à notre approche; des femmes en rond gardaient un mort dans l'angle d'une case en ruines; une lumière éclatante et crue tombait du ciel sur cette scène biblique. A mon réveil, toute la place était comble; c'était une rumeur étrange qui montait jusqu'à nous; c'était, sous nos yeux, un grouillement inextricable de masses brunes et blanches, où se détachaient en rouge vif les selles des chevaux.

J'ai passé là les dernières heures de notre trop court séjour à Tanger.

J'y ai ai vu ce que je vous ai indiqué déjà, mais au centuple, avec des types de montagnards saisissants, pauvres gens venus de deux ou trois jours de marche avec leurs troupeaux, leurs marchandises invraisemblables, herbes, chardons pour les animaux, palmiers nains comestibles, poteries naïves, etc.; j'y ai vu des bandes de musiciens rangés en demi-cercle, s'agitant, hurlant comme des fous, brandissant leurs flûtes et leurs *panderos* d'un air épileptique; j'y ai vu des devins aux longs cheveux flottants, jetant des sorts, invoquant Allah, jonglant avec des crotales, interpellant la foule qui répondait par des cris rauques et prolongés; j'y ai vu des cortèges portant la bannière blanche et verte du Prophète, avec des tambourins et des gandouras aux sonorités fantastiques; en vérité, je ne me souviens plus à cette heure de tout ce que j'y ai vu, tant j'ai vu de choses à la fois ; mais je sais bien que nulle autre part on ne saurait rien trouver de plus captivant, de plus saisissant, de plus intact et je m'étonne de deux choses, d'abord que cette excursion de Tanger ne soit pas plus vantée, secondement que les puissances européennes fassent à ces barbares, avec lesquels nous n'avons ni grands intérêts politiques, ni grands intérêts commerciaux, l'honneur de légations complètes et nombreuses.

Le climat du Maroc est charmant, paraît-il; jamais moins de 6°, jamais plus de 30. Les céréales sont la principale culture. Les Marocains ne sont pas nomades, ils obéissent à des caïds, mais ils ne gardent leur respect qu'aux Marabouts et aux croyants revenus de la Mecque. L'impunité assurée à certains de ces sacrés personnages témoigne assez de leur influence. J'ai ouï conter que l'un d'entre eux, ayant vu son frère périr en exil d'une condamnation peut-être imméritée, jura haine mortelle à tous ceux qui de près ou de loin avaient trempé dans cette affaire. La liste en était longue, soixante ou quatre-vingts environ, y compris le pacha gouverneur de Tanger. La plupart, l'un après l'autre, étaient tombés déjà sous les balles du justicier; le tour du pacha était venu. Certain jour le frère, blotti près d'un chemin, derrière une touffe d'aloès, l'attendit le fusil à l'épaule. Il tire, le pacha tombe, un bras fracassé. Ses cavaliers accourent à son aide, mais le meurtrier s'est élancé : « C'est moi, crie-t-il, vous me connaissez, laissez-nous! » Et les soldats tournent bride; et l'autre s'adressant à sa victime : « Je n'ai fait que te blesser, dit-il, parce que j'ai voulu que tu voies mon visage, et que tu saches quelle est la main qui t'a frappé. Souviens-toi de mon frère et meurs! » Et la gorge est tranchée d'un seul coup de poignard.

Ceci, mes chers amis, n'est pas une légende. L'homme qui a fait cela est vivant, il habite à quelques lieues de la ville et ne laisse pas d'y venir assez souvent : on ne l'a inquiété dans les commencements que pour la forme; son prestige s'en est accru et si vous voulez parcourir la montagne en toute sécurité, sur une immense étendue, c'est de lui, non du gouverneur, que vous ferez bien de solliciter un sauf-conduit.

Mais il faut à la fin que nous regagnions le port. Selam, ayant amassé quelques deniers, nous avait annoncé qu'il viendrait, par notre bateau, passer quarante-huit heures à Gibraltar. A l'heure dite, en effet, nous le trouvons à l'estacade, mais l'air déconfit et la bouche close. Sans y prendre trop garde, l'un de nous, le plus rapproché, le saisit et l'attire ;

on se le fait passer de main en main, alternativement pile ou face, et les jambes traînant dans l'eau, jusqu'au baron qui le remet sur ses pattes, à l'avant du canot, avec le paquet de lapins dont il est nanti et qu'il n'a pas lâché. Nous avions démarré; on s'explique. Ces lapins, achetés à vil prix au marché — rien n'est cher à Tanger pour les indigènes — étaient destinés à payer en nature le logement et la table de Selam dans quelque gargotte de Gibraltar. Mais au dernier moment le capitaine du port ne lui a pas permis de s'embarquer, d'où son air penaud. Aussi proteste-t-il contre la violence que nous lui avons faite, et à peine sommes-nous à bord qu'il se rembarque. Il avait son idée, et vingt minutes après, nous le voyions revenir triomphant et vexé tout ensemble. Ne voulant pas que ses lapins fussent perdus, il s'était décidé à corrompre le commandant général du port, et moyennant vingt-cinq sous, venait d'obtenir de lui l'agrément de s'embarquer. Tout le Maroc est dans cette histoire.

Traversée de 4 heures 1/2, assez pénible pour quelques-uns d'entre nous. Nous formons maintenant une bande de neuf compagnons suivant les mêmes étapes. Ce n'est qu'agréable à la condition qu'arrivé aux haltes, chacun conserve sa liberté de circulation. Toutefois Henry et moi ne nous quittons guères...

J'ai mis la charrue avant les bœufs. Je vous ai conté Tanger, sans vous avoir narré Gibraltar. J'y reviendrai, mais non point ici, sur cette langue de terre anglaise, car nous la quittons demain matin pour *Cadix*. Là j'espère trouver vos lettres, j'y répondrai et compléterai mon récit dans la mesure du possible. En voilà déjà très long; je tombe de lassitude. A bientôt.

Cadix, 1er avril.

Nous sommes entrés à Cadix hier au soir, après dix heures de grosse mer que les souffrances du plus grand nombre sont en train de qualifier de tempête. Certains n'étaient pas rassurés parce que notre bateau était chargé outre mesure de blé sans sacs, capable ainsi de se déplacer à la lame et d'empêcher la coque de se relever. L'événement, par bonheur, ne leur a pas donné raison.

Dans les détroits il y a toujours un peu de *tabac*, comme disent les marins ; nous avons donc dansé, le vent était dur et le ciel noir avec un vilain halo. La pluie a tombé ce matin ; c'est la seconde fois depuis notre départ de Paris, mais ç'a été peu de chose et maintenant le soleil brille. Nous avons eu jusqu'à présent un temps généralement doux, mais nullement chaud, ce qui s'appelle chaud, — même en plein soleil, — et nous aurions été fort mal avisés de n'emporter point de vêtements d'hiver, car dès que la nuit vient, on doit se couvrir soigneusement. A en juger d'après la végétation, c'est partout l'été, car les arbres sont tout feuillus, les acacias ont des fleurs et j'ai aperçu des amandes grosses comme mon pouce. Mais pour la température, ce n'est encore que le printemps, et sous ce rapport nous circulons dans les conditions les plus satisfaisantes.

Quant à la fatigue, il n'en va pas tout à fait de même, et, à moins d'y consacrer cinq ou six mois, la tournée que nous faisons est assez dure : changer presque chaque jour de ville et d'hôtel, être constamment en activité, se lever tôt, manger à toutes les heures, ne me semble point le lot de femmes délicates, et c'est bien moins un voyage de noces que celui d'Égypte avec le long séjour de cinq semaines que les Gabriel ont fait au Caire. Si vous m'aviez voulu suivre, ma pauvre amie, vous seriez *maufinée* depuis longtemps.

Vous me demandez si je dessine, si j'aquarelle, et vous semblez me vouloir faire honte de l'exemple de mon frère. Je crayonne peu et je ne lave pas du tout et il n'y a point à cela de ma faute. Quand on passe quarante jours dans une ville, on prend son temps : quand on y séjourne vingt-quatre heures, on va toujours en avant pour arriver à tout voir, et si l'on s'arrête quelques instants au coin d'une rue pour un mauvais croquis, on se le reproche presque comme un temps perdu. « Marche, marche ! » c'est à nous aussi notre loi, si nous ne voulons pas être éternellement loin du logis...

Gibraltar n'a que deux courriers par semaine : j'avais d'abord pensé, non sans raison, que ma prose ne vous arriverait pas plus tard si je la mettais à la porte de Cadix, mais l'heure tardive où nous y avons débarqué m'aura fait perdre un jour.

Quoi qu'il en soit, voici ce que c'est que Gibraltar ; je parle de l'intérieur, car je crois vous avoir fait déjà un suffisant pinceau de sa grande ossature pareille à l'arête d'une baleine immense, de ses deux versants, dont l'un exposé au N. E. est aride et nu, tandis que celui du

S. O. est tout verdoyant de pins, de lentisques et de palmiers, tout fleuri, tout semé de riantes villas.

A peine a-t-on touché le sol, qu'on sent déjà que l'Angleterre est ici la maîtresse, et une maîtresse vigilante. Des bastions, des canons, des habits rouges partout. A la poste un fonctionnaire brodé aux armes de la Reine, accorde aux arrivants des permis de séjour nominatifs et valables pour quarante-huit heures. Henry et moi avons été chargés de convoyer les petits colis et de protéger les deux jeunes femmes ; les autres se disputent pour les gros bagages avec les *marineros*. Mon ami décline ses titre et noms. Cela va lentement. Nous sommes las et pressés. On m'appelle ; je prétends simplifier l'opération et d'un air convaincu, j'annonce : « M. de La M. et ses deux filles ». L'agent s'incline comme pour me féliciter d'une aussi belle progéniture, mes filles se pincent les lèvres pour ne pas rire, et on me délivre ce brevet de paternité anglaise que je ferai quelque jour mettre sous verre. Dites si vous vous attendiez à cela ?

Une grande rue, coupée dans sa longueur par quelques places étriquées, va du Port à l'*Alameda*, charmante promenade qui me rappelle en petit certaines parties de la villa Pamphili et où, chaque soir, vers cinq heures, la musique de l'un des six régiments qui gardent Gibraltar fait entendre le *God save* et quelques petites gigues grotesques. Après l'*Alameda*, l'unique rue recommence et traverse le quartier des villas qui s'étend jusqu'aux ouvrages de la pointe d'Europe. Pas un seul monument. Un ensemble propre, *neat*, correct, plaisant, qui contraste avec le débraillé, le décousu de l'Espagne. Beaux soldats, ces Anglais ; trop beaux même, trop bien nourris, trop frais, trop gras, bons à tuer. Il y a dans le nombre un régiment de higlanders dont la petite tenue, veste blanche, jupe écossaise, bas idem, guêtres blanches et toque noire, est du dernier galant. Beaucoup d'officiers en bourgeois, beaucoup de *misses* raides et flirtant à fond avec les susdits, pas mal de cavaliers et d'amazones. Deux fois par semaine on chasse le renard — en Espagne, c'est-à-dire au delà de la zone neutre qui occupe le milieu du sillon plat par où Gibraltar se rattache au continent. Ces gens-là emportent partout leurs goûts et leurs habitudes dans leur tub.

C'est lord Napier de Magdala qui commande, en souverain quasi absolu ; je l'ai vu passer à cheval, ce vainqueur de Théodoros : il a une bonne grosse face, fine. Il jouit de deux résidences, une d'hiver au milieu de la ville, avec un beau jardin plein d'arbres exotiques, une autre, vrai cottage, sur le versant nord, en un lieu où l'on n'a plus de soleil en été passé neuf heures du matin.

Nous avons pu visiter les galéries creusées dans les parois du rocher, où les meurtrières apparaissent comme des trous d'écumoire ; il ne s'y trouve pas moins de 800 pièces de gros calibre et l'on travaille toujours à en installer de nouvelles spécialement du côté de la terre ; ce que les Anglais dépensent là inutilement d'argent et d'efforts est incroyable. Car il est bien manifeste que toute l'artillerie du monde ne saurait empêcher une flotte à vapeur de traverser le détroit surtout pendant la nuit, et d'autre part l'hypothèse d'une agression espagnole est bien problématique. C'est cependant ce que la vieille Angleterre ne cesse de redouter : elle se croit toujours menacée d'une surprise, elle en tremble dans sa vieille peau et il y parait au raffinement de ses précautions.

Ainsi nous sommes allés jusqu'à la frontière, voir les agents de *Her Gracious Majesty* délivrer aux Andalous des permis de séjour de dix heures. Ce ne sont pourtant que des approvisionneurs, des mendiants et des ouvriers, dont il n'y a guère lieu de se méfier; mais *Old England* est toujours sur l'œil : au coucher du soleil, les ponts sont levés, les portes fermées et tant pis pour l'officier que le renard aura mis en retard de cinq minutes, il n'entrera qu'au lendemain matin. De même c'est seulement depuis deux ans qu'on peut circuler dans les rues de la ville après huit heures, et à dix bien comptées, quand la dernière drôle de petite retraite aux petits fifres fifrotants a sonné le couvre-feu, bernique, on est clos chacun chez soi, et il y a des violons sérieux pour les attardés. Jusqu'à la retraite ce ne sont que bonnes patrouilles aux allures paternelles : quatre hommes, un caporal, conséquemment cinq badines. Cela s'en va dodelinant de droite à gauche, causant aux seuils avec les servantes, auscultant les passants d'un regard bienveillant. Dix heures venues la tenue change, on prend le fusil, l'air rogue et les procédés brutaux.

Les longues galeries parcourues, nous avons gravi les pentes raides qui conduisent au Sémaphore et de là à la Tour Saint Georges, 430 m. d'altitude. La vue en est admirable, sur le détroit, sur la côte d'Afrique qui nous semblait à deux lieues, et qui est distante de 25 kilomètres environ, sur Ceuta qu'on eût touché du doigt, sur Algésiras et sa baie magnifique, sur la côte d'Espagne et les Sierras de Ronda, etc. Il faisait là haut un petit zéphir ! — La flore de ces sommets est, dit-on, fort riche en târetés. Il est expressément défendu d'y cueillir un brin d'herbe. Un clan de singes les habite, et s'y perpétue, grâce aux peines sévères édictées contre quiconque leur donnerait la chasse; et comme ils sont de la même race que ceux des environs de Ceuta, les savants en tirent argument pour soutenir que le détroit est d'invention moderne. Ces aimables quadrumanes, je parle des singes, changent de quartier chaque jour, d'après la direction des vents et nous n'avons pas eu la chance d'en apercevoir même la queue. Il est vrai que la nature ne leur en a point donné.

Encore visité, en tournant la montagne, un singulier petit hameau de pêcheurs piémontais. Une soixantaine d'habitants peut-être, échoués là sur une plage minuscule avec l'écrasante roche surplombant au-dessus d'eux. Ils ont un embryon de chapelle et un fort détachement d'habits rouges. Tout auprès, la dépurgation publique, où des myriades de mouettes et de goélands faisant ripaille, emplissent l'air de leurs cris et couvrent la mer de leurs ailes.

L'Hôtel Royal se trouvant excellent, l'ami Henry était au désespoir de s'en aller et aurait volontiers pris des lettres de petite naturalisation ; quant à moi, Gibraltar ne me plaisait pas moins pour quelques autres causes : c'est beau et puissant de lignes et puis le génie anglais se montre là dans toute sa force, dans toute sa rigidité, dans toute sa tenacité : un boule-dogue qui ne lâche plus ce qu'il a mordu.

Il a fallu partir cependant, sur un bateau surchargé de grain, de bagages et des voyageurs. La grande silhouette nous est restée longtemps visible et puis on a doublé une pointe et ç'a été fini. Le détroit est d'une navigation généralement tourmentée ; il s'y produit un fort courant, et le vent y est violent toujours, qu'il souffle de l'Est ou de l'Ouest. Nous avons donc promptement commencé à danser, mais c'est surtout après *Tarifa*, qui n'a rien de bien curieux, que la valse a pris du caractère et que les défaillances se sont fait jour. Devant *Trafalgar* la déroute était complète. Il n'y a guère eu que Mme Alph. D., Henry, deux Anglais, le bon A. et moi qui n'ayions rien éprouvé de fâcheux. Cette grande dune de Trafalgar, quels souvenirs elle a gardés, si les dunes se souviennent ! Nous dépassons *Conil*; on aperçoit à l'horizon la ligne blanche de Cadix, mais c'est loin : la mer creuse de plus en plus et il y a encore bien des souffrances avant que nous touchions au port.

Vue du large, Cadix est adorable ; bâtie sur une presqu'île dont elle occupe toute la superficie, un peu comme fait Saint-Malo, mais aussi lanche qu'est noire la cité bretonne, avec tous ses balcons peints en ert, et les innombrables *torres* qui s'élèvent de chaque maison riche, adix émoustille l'œil très agréablement.

Cette impression ne fut pas pour moi de longue durée. Nous doublions n effet le môle pour entrer en rade, quand une barre de secours qu'on enait d'installer, échappa aux hommes qui la manœuvraient, et vint abattre, à bout de course heureusement, sur le pauvre Alphonse D..., alade depuis le départ et la tête dans ses couvertures. Le choc l'avait lbuté : je le crus tué et courus à lui ; il ouvrit les yeux, sans parler ; était le bras qui avait été atteint, mais moins durement qu'il ne m'avait emblé, et il n'en résulta pour lui qu'une commotion assez voisine de évanouissement. Par bonheur aussi, je fus presque le seul témoin de cet ccident, car déjà chacun s'occupait des petits détails du débarquement.

Une bande de gredins s'était élancée sur le pont : quelques-uns poraient l'habit de *carabineros*. Brutalement, sans explications, on nous rrache tous nos bagages, voire les plaids et les parapluies, et l'on nous ousse comme un vrai bétail, dans une grande tartane chargée à couler. os colis iront à la douane de leur côté ; il n'y en a aucune justification, , si l'on veut, on peut nous les voler tous. Alphonse a laissé dans son ac une assez forte somme en bons de banque ; les nécessaires des deux ames ne sont même pas fermés ! *Basta, basta, cosas de Spaña !* Proestations vaines. Nous sommes entassés dans le bateau. « *Pagate para a tartana,* » nous crie un animal dont je ne vois pas la face tant la nuit st noire ; je ne saurais d'ailleurs faire un mouvement, et, s'il m'était posible d'atteindre à ma poche, je risquerais d'en perdre le contenu. L'animal et ses acolytes ne veulent rien entendre : « *Payez, payez ou l'on ous jette à l'eau.* » Des brutes, quoi, des sauvages ! Pourtant nous enons bon, et malgré leurs cris, malgré leurs menaces, nous ne payons u'après avoir accosté. — Et nos bagages, quand les aurons-nous ? — Demain matin. — Mais nous sommes sans linge, sans objets de toilette, ans rien ! — Eh ! qu'importe à la douane espagnole ! Elle finit son serice à sept heures ; vous êtes arrivés à sept heures cinq. Bonsoir.

2 avril, dimanche des Rameaux.

La journée d'hier a été presque entièrement occupée par la conquête de os malheureuses malles. Nous étions à la douane dès sept heures du matin. Rien. A neuf heures, encore rien ; à onze heures, toujours rien. On nous apprend que le capitaine est allé faire du charbon à *Puntales ;* on mettra les bagages à terre quand il reviendra. Nous nous transportons indignés chez le directeur de cette Compagnie de paquebots : je porte la parole et réussis à l'émouvoir par la perspective d'un bon petit procès. A une heure, nos colis sont en douane.

Ici une scène épouvantable. Quarante forbans nous assaillent. Payez pour avoir apporté les bagages du bateau jusqu'à terre. Combien ? Deux francs par colis, gros ou petits. Cela fait une somme invraisemblable. Après une demi-heure de on transige. Nous allons faire enlever ; mais ce n'est pas fini : payez pour avoir apporté du môle à la calle neuve ; payez de la calle neuve à la Douane ; payez pour porter de la Douane à l'hôtel ; payez pour monter du bas de l'hôtel à votre chambre, payez encore, payez toujours, et des prétentions exorbitantes ! Énervés comme nous l'étions par les procédés de la veille et du matin, nous répondons par des injures. Trois hommes se précipitent sur M. de P. qui reçoit un coup de poing en plein visage. Il riposte par un coup de canne dont son agresseur est ensanglanté. A. s'échauffe, tire son revolver et le braque sur cette foule de brutes grossie de toute la racaille du port. Le bâton levé, je tiens en respect ceux qui me menacent. Cela va mal tourner. La douane a fini par prendre peur et est allée quérir la police. Un commissaire important parvient enfin jusqu'à nous. Il faut s'expliquer ; il ne sait pas un mot de français et son patois nous est incompréhensible : la chose sera malaisée. Mais voici la note comique. Un compatriote en bonnet de loutre, singulièrement accoutré, propriétaire de la *Grande Ménagerie* et de *Sarah, la Charmeuse de serpents*, a été attiré par tout ce tumulte, et nous offre son secours. Il sert d'interprète, tant bien que mal. On arrête pour un instant l'homme au coup de poing. On impose aux Caraïbes des tarifs acceptables. Le commissaire nous recommande d'éviter, durant notre séjour, de revenir au port dont les hôtes vindicatifs jouent volontiers du couteau, et vers trois heures enfin nous rentrons triomphants à l'Hôtel de Paris. Notez qu'on n'a pas même visité un de nos sacs. Tant d'embarras et de difficultés pour rien. C'est encore là de l'Espagne ! Le capitaine du port se fait verser par les portefaix une énorme redevance et leur laisse en échange le droit de rançonner les voyageurs à leur guise par la division infinitésimale du travail. Il est vraiment scandaleux que les consuls n'interviennent pas pour obtenir une réglementation raisonnable, et nous allons aujourd'hui porter à celui de France une protestation qui sera un coup d'épée dans la Méditerranée.

Cadix n'est point, en réalité, aussi séduisante que je le croyais. Les rues en sont étroites, propres et gaies, à cause de la multitude de leurs balcons et serros tous peints en beau vert véronèse. Mais l'activité est moindre qu'ailleurs, et c'est seulement le soir, après-diner, que nous avons pu voir dehors quelques échantillons assez gracieux du féminin gaditan. Ces dames sont plus grandes et mieux faites que leurs rivales des autres provinces ; d'aucunes ont des tailles et tournures remarquables et de fort beaux yeux qui savent tout, sauf se baisser. Soyez d'ailleurs sans inquiétude, chère amie. Je suis présentement, et toute la caravane avec moi, pourvu en plein visage d'un coup de soleil pris sur mer, et plus fait, sans conteste, pour provoquer le rire que la passion. De V. et moi, surtout, faisons une paire de masques rubiconds fort réjouissants.

Sans monuments, Cadix. De la terrasse des signaux, dite *Torre de Tavira*, on a tout le panorama de la ville aux mille tours, de sa baie, de *San Fernando*, de la mer et autres lieux. C'est beau. L'*Alameda de las Delicias* n'est point digne de son nom ; celle de *Apodaca* est restreinte, mais coquette. Nous irons ce tantôt y entendre la musique.

Ce matin nous avons eu la grand'messe à la cathédrale, avec distribution de longues palmes au Chapitre et à l'*ayuntamiento*. Ses membres, en habit et cravate blanche, portent tous au col, pendu à un lacet jaune et rouge, un large médaillon aux armes de Cadix ; ils se font précéder de massiers splendides, couverts de dalmatiques en velours nacarat à larges galons d'or avec bonnet de même, bas de soie blanche et large écusson municipal sur la poitrine. Ce qui m'a semblé le plus curieux à la procession des Palmes, c'est de la voir, suivie, tête nue, par ces braves conseillers dont le radicalisme est à fleur de peau. En Espagne on ne se croit pas forcé d'être libre-penseur parce qu'on est républicain.

Me voici au bout de mon rouleau et vous ne direz pas que je suis avare d'encre. Demain nous passons la journée à *Jerez de la Frontera* et nous allons coucher à *Séville*. Nous y resterons vraisemblablement (hôtel de France) jusqu'au lundi de Pâques. Le comte de Flandre y sera et on nous promet de belles fêtes. Nos places sont retenues pour la première course de taureaux.

Quoique nous ayions encore bien du temps avant de nous revoir, il me semble que le plus fort est fait, puisque nous allons maintenant remontant vers vous à chaque étape. C'est un beau voyage, plein d'intérêt et d'agrément, les choses de douane réservées, mais il faudrait le faire très tranquillement et ne pas laisser son monde derrière soi...

Ne m'imposez pas le supplice de me relire et excusez les fautes d'un auteur fort pressé....

Séville, 8 avril au soir.

Eh quoi! vous voulez que je vous cherche des boutons anciens pour une robe? Ma pauvre amie, n'y comptez guère. Il n'y a ni bibelots ni brocanteurs dans tout ce que j'ai vu d'Espagne. A Grenade seulement, un unique magasin assez bien monté, où Henry s'est offert des carafes taillées fort jolies; à part cela, rien. Je ne sais ce que l'avenir me réserve et je prends note de votre désir, mais je n'ai pas beaucoup d'espoir, si ce n'est sur Madrid. Ah! si vous aviez voulu des grelots en filigrane d'argent, c'eût été plus aisé; on en fait beaucoup et de toutes les tailles, mais ce n'est pas facile à porter. — En revanche j'ai pour vous de grosses épingles de chignon qu'on nomme *alfileres*, qui se fabriquent à Cordoue et qui ne manquent pas de style...

Laissez-moi vous conter maintenant ce que j'ai fait depuis ma dernière lettre, datée de Cadix, dimanche dernier... — Je vous ai dépeint cette coquette ville, toute blanche avec ses terrasses et ses tours, avec ses volets, ses balcons et ses serros peinturlurés de vert. La passion que les Gaditans ont de cette couleur est telle qu'ils strient leurs façades de bandes vertes, en badigeonnent leurs corniches, en mettent en un mot partout où cela se peut. Ils obtiennent ainsi un effet général extrêmement gai : c'est la caractéristique de Cadix.

Notre après-midi fut consacrée aux promenades dont une a de beaux palmiers; mais ces enfants du désert auraient en vérité pu se croire revenus à leurs lieux d'origine; pas un chat, pas une chatte, ni là, ni ailleurs au reste. C'est le carême qui le veut ainsi. Les belles Gaditanes ne sont point, paraît-il, des modèles en tout genre et leur dévotion n'est pas d'une grande élévation : mais on rachète par des austérités extérieures ce qui peut être défectueux, et le fait de ne pas mettre un pied dehors dans les semaines qui précèdent Pâques est très agréable au Seigneur. Elles le croient du moins, et comme le dit Seigneur ne peut pas tout exiger à la fois, elles se rattrapent en ne bougeant de leurs serros, d'où elles inspectent, du matin au soir, la chaussée, les trottoirs et les maisons d'alentour. Une jeune puce ne sauterait pas d'un pavé sur un autre, qu'elle ne fût constatée, toisée et jugée par ces désœuvrées aux aguets. Tous ces serros sont pourvus de rideaux transparents, gris ou bleus, aux travers desquels on devine les guetteuses sans les voir nettement, mais leurs regards brillants jaillissent entre les fentes et cela cause une sorte de gène, alors qu'on suit seul une rue solitaire, de se sentir le point de mire de toutes ces curiosités aiguisées.

Le soir nous ménageait un dédommagement. La procession de *San Lorenzo* faisait son tour de ville et tout le monde était dans la rue ou aux balcons ouverts. Cette procession assez imposante, éclairée de lanternes monumentales à facettes et à bougies multiples, ces façades illuminées sur son passage, cette gaieté générale, ce mouvement, ces mantilles si seyantes sur maint et maint joli visage, ces musiques, ces cris, tout cela nous intéressa fort et nous fit passer quelques bonnes heures. Il y avait surtout deux longues trompettes pareilles à celles d'*Aïda*, qui faisaient mon bonheur. Elles étaient embouchées alternativement par deux dignes pénitents noirs qui se tournaient vers la châsse du Saint ou vers l'image de la Vierge et, d'un air grave, en tiraient une espèce de phrase courte, stridente, incompréhensible et grotesquement fausse. — Je crois que les Espagnols n'ont guère plus que les Anglais le sens du ridicule, et j'ai eu plus d'une occasion d'en faire la remarque. — Toujours est-il qu'au cas particulier, nous étions, nous autres Français, seuls travaillés d'un véritable fou rire. Soit que la tradition fît trouver la chose belle aux indigènes, soit que cette note leur fût en elle-même éminemment sympathique, alors qu'elle détonnait le plus furieusement sur les airs religieux des orphéons, il est certain que tous paraissaient jouir beaucoup de cette étrange mélopée. Je comprends que les murs de Jéricho, s'ils ont été attaqués de cette façon, soient tombés à la renverse...

Jerez de la Frontera ne vaudrait guère qu'on s'y arrêtât, malgré ses rues plantées d'orangers et sa cathédrale richement sculptée, n'étaient son illustre vin et les caves célèbres qu'on se doit d'avoir visitées. M. Gonzalès fils, de la maison Gonzalès et Byass, la plus importante de toutes, a bien voulu nous faire lui-même les honneurs de son magnifique établissement. Nous y suivions de très près le Roi et la Reine et les Infantes Eulalia et Paz. Une des caves était encore tendue de coutils rayés; une autre, semi-circulaire, montrait imprimés sur le fond de chacune de ses barriques, les tours de Castille, les Lions de Léon, les fleurs de lis de Bourbon et les aigles d'Autriche, le tout pour la réception et le déjeuner de leurs Altesses Royales. Nos noms ont suivi leurs noms sur le Livre d'Or où l'on nous a conviés de nous inscrire et je comprends la satisfaction qu'Elles ont témoigné de leur visite.

250 ou 300 ouvriers travaillent constamment dans cette cave et leur nombre, vers l'époque des vendanges est parfois porté jusqu'à 1,400 ou 1,500. Au reste, il ne faut pas entendre ce mot *cave* dans le sens que nous lui donnons chez nous. Une cave de Jerez n'a rien de souterrain; c'est un ensemble de bâtiments, de magasins, et de hangars : les pressoirs où l'on peut faire de quatre à cinq cents pièces par jour; la tonnellerie où tous les formats se rencontrent, depuis la pipe de deux mille hectolitres, jusqu'au petit baril d'un arrobe; l'atelier de fumigation où les fûts neufs sont remplis d'eau et de vapeur chaude et brassés par une très intelligente machine, à l'effet de leur enlever tout mauvais goût; les chaix où l'on passe en revue des vins de tous les âges, voire de quatre-vingts ou cent ans; la salle des essais où l'on combine tel crù et telle année avec tels et telles autres pour obtenir le bouquet, la couleur et la force désirés, etc., etc. Le Jerez ne saurait se boire avant l'âge de huit ou dix ans; c'est toujours le plus vieux qui part, mais jamais la tonne dont on vient de le tirer ne demeure en vidange; elle est immédiatement remplie aux dépens de la tonne placée au-dessus d'elle, laquelle reçoit d'une troisième tonne superposée le nombre de litres qu'elle a perdus, et ainsi de suite. Les pièces sont ainsi montées les unes sur les autres par cinq ou six rangs, le plus jeune vin occupant le faîte, et tout cela vieillit ensemble, après avoir été appareillé soigneusement comme provenance et comme valeur. C'est là le principal secret de ce commerce. — On arrive dans cette fabrication à une précision de saveur extraordinaire. Vous avez acheté, il y a quinze ans, un cartaud de Jerez dont vous désirez avoir le complet équivalent. On se reporte aux registres; on retrouve votre ancienne commande : elle était composée de 10 parties de tel crù, de 7 parties de tel autre, de 4 parties de celui-ci et d'une partie de celui-

là, en tout 22 parties — on ne compte jamais autrement; — eh bien! comme avec le système des barriques étagées, se continuant les unes les autres, on a toujours le même vin de tel ou tel crû, on recomposera demain, sur votre demande, par le moyen de ces notes d'alchimie, un breuvage absolument pareil à celui qui vous fut autrefois envoyé. Ils sont très curieux ces registres, très curieux à étudier.

Une autre chose non moins intéressante, c'est le tableau des progrès successifs de la maison Gonzalès. En 1835 le vieux père vendait 10 pipes de vin : début modeste; il en vendit 54 l'année suivante, 200 ensuite et en 1880, il était arrivé à 13,000. N'a-t-il pas lieu de s'enorgueillir d'un pareil développement d'affaires? C'est l'Angleterre qui consomme presque tout, dans la proportion de 90 0/0, contre l'Amérique 7 et le reste de l'Europe ensemble 3 0/0.

Très généreuse l'hospitalité de ces grands négociants; nous étions dix, toute une bande; M. Gonzalès nous a menés de tonne en tonne, nous forçant à goûter de tout, même de vins qui valent 80 ou 100 francs la bouteille et il n'eût tenu qu'à nous d'en user largement. Mais les hommes n'ont guère fait par discrétion que tremper leurs lèvres dans le divin nectar, tandis que les dames, la vérité m'oblige à le dire, ont eu le courage de leur opinion, surtout à l'endroit d'un petit moskatel absolument délicieux.

Après quelques heures de chemin de fer par de vastes pâturages desséchés, où paissent des taureaux de combat, nous arrivions le soir à Séville et nous y vivons comme jadis on vivait à Rome pendant la Semaine Sainte, c'est-à-dire sans cesse courant de notre hôtel à la cathédrale et de la cathédrale à la place de la Constitution qui joue ici le rôle de la place Saint-Pierre. Nous sommes en effet en pleines processions, en pleines cérémonies et le spectacle est en vérité bien original, dont je vais essayer de vous donner une idée.

Séville compte, je crois, trente ou trente-deux confréries de pénitents, bleus, noirs, jaunes, violets, rouges, ceux-ci avec la cagoule verte sur la robe blanche, ceux-là avec la croix de Jérusalem, ou de Malte, ou d'Alcantara brodée sur la poitrine, etc., etc., d'une variété de détails et d'ornementations extrêmes, parfois très puissantes et très riches et recrutées parfois dans les plus hautes classes de la société, mais conservant toutes le même costume, robe large à la dominicaine, ceinture tantôt en corde et tantôt en sangle jaune à grosses mailles, enfin cagoule droite se terminant en bonnet pointu comme la coiffure d'un sorcier. Les dits cornets n'ont guère moins de trois pieds de haut, et donnent à ceux qui en sont couverts l'apparence d'une taille colossale.

Chacune de ces confréries possède un ou plusieurs *pasos*. On appelle ainsi une plate-forme dont la longueur atteint jusqu'à six mètres, toute revêtue de sculptures, de moulures et de dorures, et sur laquelle se voient des personnages en bois figurant des scènes religieuses ou tout simplement la madone. J'en ai dessiné un qui représente le tribunal de Pilate : il est assis au fond dans un fauteuil élevé ; deux esclaves sont à ses côtés et deux licteurs le gardent ; à droite et à gauche sont assis également six conseillers à barbes et à nez juifs, curieusement habillés ; sur le devant, Notre-Seigneur Jésus, les mains liées, entre deux soldats et revêtu de velours et d'or : le tout de grandeur naturelle, le tout peint et richement orné avec des fleurs, des vases, des lanternes, des candélabres sans nombre. Tel autre paso montre le Sauveur au Jardin des Oliviers : un ange descend d'un haut palmier et lui offre le calice ; ses apôtres sont endormis dans des attitudes variées. Sur un troisième le Christ est attaché à la croix avec les deux larrons à leurs potences ; Saint-Jean et la Madeleine se tiennent en arrière, et devant, la Vierge, les Saintes Femmes s'agenouillent dans la douleur. Un autre reproduit la Cène avec Notre-Seigneur et les douze apôtres ; un autre encore un squelette — la Mort — assis sur le globe terrestre, dans une attitude réfléchie, au pied du gibet ; d'autres, la Vierge mère et Saint Jean, d'autres tel ou tel évangéliste, tous grands comme nature au moins, avec des recherches inouïes de manteaux brodés d'or fin, de couronnes, d'ustensiles, avec des plaies saignantes, des barbes vraies, des expressions tout à fait saisissantes. Plusieurs même sont de véritables chefs-d'œuvre de sculpture. Mais c'est surtout pour les madones qu'on fait un étalage du plus grand luxe. Chaque confrérie voudrait posséder la plus belle. Il en est dont les manteaux valent des quarante et des cinquante mille francs ; elles vont parées d'admirables dentelles et couvertes presque toujours de joyaux étourdissants, colliers, bracelets, bagues, broches, boucles d'oreilles, qui ne savent plus où s'accrocher à leur vêtement, à leur corsage : on en met jusqu'aux branches de leur couronne ; certaines vierges portent ainsi sur elles des sommes énormes.

Des confréries ont mis aussi leur gloire à avoir toute la plate-forme de leurs pasos, tout le baldaquin, tous les montants, en argent massif finement ciselé, de même que la forêt de chandeliers et de torchères dont ils sont garnis, de même que les bâtons des cierges, les croix, les cannes des pères, et jusqu'aux paniers où l'on a ce qu'il faut pour rallumer les cires au cours de la procession. C'est d'une richesse extravagante.

Or, le mercredi, le jeudi et le vendredi saints, ces trente confréries partent chacune de son église ou de sa chapelle et se mettent en marche avec tout leur appareil pour aller à la cathédrale adorer le Saint-Sacrement. Voici l'ordre de cette procession.

En tête la croix, précédée de soldats et de gendarmes; les pénitents, *los Nazarenos*, sur deux files; le premier paso, Christ, saint ou groupe; des pénitents portant des drapeaux, des étendards, qui blancs avec la croix de Jérusalem, qui noirs avec la croix de Malte etc.; une musique et les Romains. Qu'est-ce à dire; les Romains? Oui, vous lisez bien, les Romains, *los Romanos;* Pilate n'était-il pas un Romain? Les Romains n'étaient-ils pas à Jérusalem quand Jésus fut crucifié? Il faut donc qu'ils soient également ici. C'est pourquoi la moitié des pénitents s'est revêtue de costumes de licteurs, de préteurs, de centurions; cuirasses, casques, panaches, boucliers, chlamydes varient avec chaque *confradia* d'ornements et de couleurs; l'amour-propre s'en mêle et c'est à qui se produira dans la plus belle tenue. On m'a fait voir un boucher qui en avait pour trente mille francs sur le corps; il menait avec lui son fils, légionnaire de quatre ans, et non moins coûteusement habillé. Mais direz-vous, cette exhibition doit bien être un peu ridicule. A vrai dire, ce fut là mon impression première et je crois que partout ailleurs la chose serait profondément grotesque; mais l'Espagnol sait être grave et digne; tout cela défile sérieusement, pompeusement, avec des airs convaincus, pleins de foi qui ne prêtent point à rire et qui même imposent un certain respect.

Après les Romains, les dignitaires, les patrons de la confrérie, un ou plusieurs membres de l'Ayuntamiento avec les insignes, quelques généraux et officiers, le clergé, enfin la madone, *la Virgen*, puis une seconde musique et un piquet fourni par l'armée. — Ces cortèges commencent leur mouvement vers deux heures; ils avancent fort lentement à cause des pasos qui sont d'un poids énorme; trente ou quarante portefaix cachés sous des courtines les soulèvent avec effort, et sont contraints tous les cent pas de stopper quelques minutes. L'usage veut que tout passe par l'artère principale de Séville, *la Calle de las Sierpes*, (la rue des Serpents). Vers 4 heures 1/2 ou 5 heures, la première *hermandad* débouche ainsi sur la place de la *Constitucion*, toute couverte de chaises et de tribunes, toutes ses fenêtres garnies de femmes. Chacun se lève, et se découvre pour les croix et les pasos. L'*Alcalde major*, flanqué de deux conseillers, se tient tout le temps, tête nue, assis en un grand fauteuil devant la porte de l'Hôtel de Ville. Les croix s'inclinent en défilant devant lui, les drapeaux le saluent; il se lève à chaque fois et répond sèchement. Mais les pasos font halte, tournent sur eux-mêmes pour lui faire face et s'arrêtent. L'alcade alors s'est levé, il s'avance de quelques pas, salue profondément ainsi que ses acolytes et se rassied. Et la marche se poursuit vers la cathédrale.

La procession y pénètre, fait le tour du *monumento*, autrement du sépulcre, y stationne, traverse les grandes nefs, salue le *coro* et ressort par l'autre extrémité de l'édifice pour regagner son point de départ. Cela ne dure pas, pour chaque confrérie, moins de cinq à six heures; il en est neuf ou dix du soir quand tout est fini et la rentrée conséquemment s'opère dans une illumination prolongée.

Figurez-vous donc ce que peut être cette ville aux rues tortueuses, sillonnées par tant de cortèges, pleines de lumières, de foules et de musiques, avec ses carrefours envahis par une population houleuse, avec ses balcons remplis de señoras pimpantes, avec ces longs manteaux de Nazaréens dont les queues de cinq ou six mètres balayent noblement la chaussée; et ces bonnets pointus, et ces costumes dorés des Romains et ces châsses étincelantes de cires, de métaux et de pierreries, et ces clameurs d'une race ardente par nature, et ces pluies de fleurs qui tombent de chaque maison sur l'image vénérée qui passe, et ces mantilles et ces chignons tout plantés de roses à tort et à travers, et ces cierges et ces croix et ces fanions, figurez-vous tout cela, si vous pouvez, mais tenez que c'est un spectacle très empoignant pour si peu artiste que l'on soit.

La traversée de la cathédrale le soir venu, n'est pas, vous le sentez bien, ce qu'il y a de moins beau; sous les hautes voûtes noires, inondées de peuple, cela prend des allures saisissantes et fantastiques.

La nuit du jeudi au vendredi saint est, elle aussi, toute remplie de processions : c'est vous dire que Séville ne se couche guère. J'ai essayé de dormir un peu cependant, mais de temps en temps les fanfares me venaient éveiller et ce matin, vers la pointe de cinq heures, j'ai suivi le conseil qui m'en avait été donné, gagné le quartier de la *Macareña* pour voir rentrer la Hermandad de *San Gil.* Je vous parlais plus haut des ardeurs de ce peuple. Vous allez pouvoir en juger.

J'avais pris place dans une stalle du *coro* de ladite église et tâchais d'en crayonner le paso le plus important: la nef était envahie par les habitants de ce quartier populeux, en admiration bruyante devant leur madone. Tout à coup un chant s'élève, étrange et vibrant; le silence se fait. C'est une voix claire, aiguë, un peu chevrotante, qui improvise et les paroles et la musique de sa mélopée, sorte de plainte adorante; la voix s'éteint, et voilà que la foule qui écoutait recueillie, éclate soudain en transports : *Vivá, vivá la Madona! Vivá!* Puis rien. Quelques minutes se passent. Le délire s'empare d'un autre assistant; il se dresse, jette vers la statue une nouvelle incantation et la termine par ce cri : *Vivá la Virgen dela Speranza!* C'est le nom de cette vierge. Et le peuple de crier *Vivá!* Nouveau silence, puis cela reprend; on s'échauffe, les mains se tendent, les chapeaux s'agitent, les pénitents arrachent leurs bonnets et leurs cagoules vertes et les font tourner au-dessus de leurs têtes avec des exclamations répétées. Scène invraisemblable, n'est-ce pas, dans un sanctuaire : les prêtres sont là pourtant et laissent faire sans paraître surpris. On se croirait transporté au cimetière Saint-Médard : Une dame monte enfin sur une chaise et invite avec véhémence ces convulsionnaires à se calmer; je suis tout remué et m'éloigne avant que cela ait pris fin.

Je vous ai dit, n'était-ce pas un soin superflu? que Séville entière était dehors ces trois jours-ci. Tout est fermé, tout reste en suspens, les affaires chôment, la circulation des voitures est interdite. Tout le monde est en grand deuil: les femmes portent la mantille, les plus élégantes la robe de satin noir pailleté de jais. Elles sont en majorité fort jolies de tournure, de taille, de teint, de cheveux, d'yeux et de dents. Les éventails vont leur train partout, même à l'église, où chacune d'elles porte un petit pliant lequel reçoit plus souvent leur livre de messe et leur mouchoir que leur personne. Elles semblent si bien à leur aise accroupies sur les nattes! Rien d'amusant comme leurs innombrables signes de croix, et le baisement final du pouce. On m'a expliqué que le pouce, placé en travers de l'indicateur, forme une croix et voilà ce qu'elles baisent.

Le gouverneur assistait ce matin à l'office en grand uniforme, un cierge à la main: hier le capitaine général faisait ses stations suivi de trois ou quatre cents officiers et les troupes les faisaient, par compagnies, sous la conduite de leur chef. J'ignore s'il y a en Espagne une religion d'État, mais c'est tout comme. — Une infinité d'églises et de chapelles à Séville dont quelques-unes seulement valent qu'on les cite, pour leur architecture du moins, car toutes renferment des tableaux de grand prix que le défaut de jour empêche d'apprécier. *El Salvador* est fort précieusement sculptée, on y voit trois retables très importants, trop tourmentés. *Santa Paula* et une autre encore sont lambrissées à l'intérieur de beaux *azulejos;* le porche de la première en est tout émaillé et beaucoup de campaniles et de clochers présentent les mêmes enjolivements précieux.

La cathédrale est un splendide vaisseau : 200 mètres de long, 80 de large et 70 de haut ; une nef, deux bas côtés, un transsept et une abside carrée donnant accès à la *Capilla Real.* Saint-Pierre mis à part, je n'ai vu que Cologne, Milan et Saint-Paul de Londres dont l'ampleur m'ait autant frappé, et je crois que j'aime mieux Séville. C'est du beau XVe. Ses orgues sont hautes de 50 mètres et le tombeau qu'on a établi pour le jeudi saint est un monument en bois, à cinq étages, de 45 mètres d'élévation. Ces chiffres ont leur éloquence. Les chapelles sont belles pour la plupart : la première à gauche contient le Saint-Antoine de Padoue de Murillo, immense toile d'une indescriptible beauté ; l'extase du saint auquel l'enfant Jésus apparait au milieu d'une légion d'anges est d'un adorable sentiment ; on resterait des heures collé à cette grille dans une extase presque semblable. Un matin, voici dix ou douze ans, on constata que le saint avait été proprement découpé et emporté. Quelle indignation par toute la ville! Les recherches furent vaines durant quelques années; enfin on le retrouva à Philadelphie où le voleur avait essayé de le négocier. On rapporte que c'était un évêque protestant et qu'un employé de l'église fut son complice. Au demeurant, cet attentat a été bon à quelque chose; l'abandon où l'on avait toujours laissé le Saint-Antoine compromettait son existence : d'épais vernis enfumés l'écaillaient; de nombreux repeints l'avaient en partie dénaturé; un bon nettoyage et des soins intelligents lui ont au contraire rendu sa fraicheur et assurent sa conservation.

Je n'ai pu voir clair dans les autres chapelles assez pour en parler : je citerai seulement un Saint Christophe à la fresque très curieux de proportions et d'exécution. La *Capilla Real* est noble, avec des autels en argent repoussé et de superbes lampes *ejusdem metalli*. Dans deux niches élevées, à droite et à gauche sont deux tombeaux recouverts de drap d'or, avec la couronne et le sceptre, où reposent Alphonse X et la Reine Béatrice. Cette mise en scène, complétée par de larges écussons brodés aux coins des draps, ne manque pas d'une certaine grandeur.

Les grilles du coro et de la capilla major sont d'un travail achevé et rappellent un peu celles de Grenade. — Dans une chapelle à droite, une tombe d'évêque estimable; dans la sacristie de bons tableaux. Les sujets d'étude ne manquent pas dans ce temple ; mais ce qui, pour moi, l'emporte sur tout le reste, ce sont ses lignes, ses proportions magnifiques. L'œil en est ravi, et l'on s'en va renversant la tête pour suivre l'envolée de ces piliers si massifs à la base et que leur hauteur fait paraître si déliés.

La Giralda, le clocher de la cathédrale, est une tour élégante, en partie arabe, bâtie en briques, avec des faïences polychromes, et une grande figure de la Foi qui fait office de girouette. Le tout a cent vingt mètres environ et on a quelque peine à le croire. De la plate-forme, on embrasse un très beau panorama : toute la ville, la vaste vallée, des montagnes bleues à l'horizon, le Guadalquivir, ses méandres et ses bateaux; car Séville est un port de mer, d'une activité médiocre, à cette heure, mais la *Torre del Oro*, plantée au bord de la rivière, et où se débarquaient jadis les lingots du Nouveau-Monde, attesterait au besoin son ancienne importance maritime. — Presque toute la vieille enceinte a été détruite ; du côté de *la Macareña* seulement, entre la porte de ce nom et celle de *los Capuchinos*, il y a encore d'intéressantes murailles, des tours et des châteaux construits par les Romains en béton indestructible et couronné de créneaux par les Arabes.

Sur le bord du fleuve, jaune comme le Tibre, en aval du point de *Triana* est l'Alameda, petite et verte, et derrière elle *San Telmo*, la résidence du duc de Montpensier, superbe comme galeries et comme jardin, quant aux bâtiments ils sont d'une tournure fort moderne et totalement dépourvus de style. On y voit des toiles de prix : quatre Zurbaran dont un, *la Circoncision*, est hors ligne; une Vierge de Murillo qui ne m'a rien dit; le *Saint Augustin et Sainte Monique* d'Ary Scheffer, admirable d'expression et maintenant réchauffé dans sa couleur par le vernis et le temps, des Lehmann médiocres, des Tony Johannot, un Isabey, deux Bonington, etc. Une cour carrée, sorte de patio, tout constellé de pervenches avec des orangers et des palmiers élevés, m'a fort séduit. Le parc a des arbres de belle venue, des plantations considérables d'orangers et de citronniers, des eaux et des variétés végétales fort rares, entre autres des cocotiers de haute taille et dont le feuillage est plein d'élégance.

Il nous reste à visiter la *Casa de Pilatos* qui sert de Palais au duc de Medina-Celi, le musée où s'épanouit l'école sévillane, l'hospice pour ses peintures célèbres, la fabrique de tabacs, et deux ou trois églises. Demain, Pâques, nous avons la *Corrida de Toros*, et le soir *Opera gala*. Lundi nous mettrons ordre à nos affaires et partirons après dîner pour *Lisbonne*. Nous devrons être à *Porto* dimanche prochain. Les jeunes Elois viennent avec nous, qui sont vraiment de très gentils et aimables garçons. Quant aux deux ménages, ils partent ensemble pour Madrid, par l'express de mardi, car dans ce pays cocasse il n'y a d'express que tous les deux jours, les jours d'Italiens. Les adieux ne manqueront pas d'être touchants, après un grand mois d'intimité courtoise et jamais troublée.

Séville, 9 avril, Pâques.

En attendant l'heure des *Toros*, je vais, chère amie, commencer une nouvelle lettre qui s'achèvera où je pourrai. J'ai donné toute ma matinée à la cathédrale. L'admirable temple! Le Cardinal disait la messe en présence de l'ablégat et du garde noble qui viennent de lui apporter la barrette. Cette fonction, à ce grand autel si fort élevé au-dessus des fidèles, était magnifique à voir. Soixante-dix ou quatre-vingts personnes, en des costumes riches et très variés, se mouvaient autour du célébrant. A ses côtés, sur de hautes banquettes rouges, les dignitaires du chapitre étaient rangés, tous coiffés, par privilège spécial, de la mitre d'argent des évêques. On eût dit d'un concile, et j'ai pensé aux anciennes cérémonies de Rome; au reste les chanoines de Séville portent à l'ordinaire, comme habit de chœur, la robe et le manteau violet, et la houppe verte au bonnet. — Autre détail de costume assez bizarre : les enfants de chœur avaient la tête ceinte d'un bandeau d'or avec une large plaque arrondie sur le front comme en portait jadis l'infanterie autrichienne. En face du trône, un immense dressoir était installé, montrant sur un fond de velours nacarat toutes les orfèvreries superbes du trésor métropolitain : grands plats repoussés, aiguières, burettes, etc., note très brillante. De nombreux acolytes tenaient des bâtons d'argent surmontés d'anges aux ailes éployées d'un joli travail. C'était, entre le chœur et la capilla major, un va et vient continu de petites processions, à la romaine, et au moment de l'élévation quatre clochettes enchâssées dans la grille se sont mises à carillonner bruyamment. — La chapelle chante sur un mode aigu avec de perpétuelles appogiatures et accompagnement de bassons et de violes; tout cela fort différent de ce qui nous est familier. J'étais très bien placé et n'en ai rien perdu. Apprenez encore qu'hier matin, à dix heures, au moment du retour des cloches, on a tiré des pétards dans l'église; et de même, dans certaines rues, des gens zélés avaient pendu des effigies de juifs et leur servaient des coups de fusil. Enfin, sachez que la mantille est bien décidément la plus seyante et la plus décente de toutes les coiffures, qu'on ne voit guère autre chose depuis trois jours, et que dans les églises surtout cela fait un effet calme et charmant.

Nous avons visité le musée où s'étalent, parmi deux cents toiles environ, une vingtaine de Murillo dont six ou huit sont de purs chefs-d'œuvre. *Saint Léandre et saint Bonaventure*, *saint Antoine de Padoue et l'Enfant-Dieu*, mais plus encore *saint Thomas de Villeneuve faisant l'aumône aux malades* me resteront dans les yeux toute ma vie. A l'une des extrémités de la salle unique, se dresse une *Dispute du Saint-Sacrement* de Zurbaran qui est tout ce qu'on peut imaginer de puissant et de beau. Je ne soupçonnais pas ce maître d'avoir atteint à un pareil niveau. C'est égal à ce que Raphaël, Murillo, Van Dyck et Rembrand ont produit de mieux.

Lisbonne, 13 avril.

Voilà, mes pauvres amis, de ces fatalités auxquelles, en voyage, l'être le plus consciencieux d'écrire ne saurait se soustraire. Cette lettre est commencée depuis cinq jours; je crois à chaque moment que je vais pouvoir la reprendre et toujours la nécessité d'aller là ou ici, la fatigue d'une journée très remplie, ou bien les omnibus et les chemins de fer m'éloignent de mon écritoire. La nuit vient encore assez tôt ici en cette saison; on se fait scrupule de rester enfermé aux heures où les monuments, les églises sont visibles, et le soir venu c'est une autre affaire : on est si las, que, presque au sortir de table, on se va coucher. Pardonnez donc à mes retards, vous qui vous montrez si affectueusement ponctuels.

Je vous ai quittés à Séville pour aller aux Taureaux. La place était pleine comme un œuf, très animée; les costumes des acteurs très beaux, les animaux vigoureux et sauvages; nous avons vu éventrer bon nombre de chevaux, planter galamment beaucoup de *banderillas* et donner d'admirables estocades. *Frascuco* surtout s'est montré grand *spada*. Dans chaque *Corrida* six taureaux sont tués d'ordinaire par deux *spadas*, qui alternent et dont le moins illustre commence. Je vous ferai grâce des incidents et détails de celle-ci; vous avez lu cela partout, et entre une course et la suivante, il n'y a que des nuances trop techniques pour être racontées. Tout ce que je puis dire, c'est que j'y ai pris un plaisir extrêmement vif et que j'ai trouvé la séance trop courte. L'agilité des *banderilleros* et des *chulos*, (ceux qui ont charge de jeter *la capa* devant le taureau pour le fatiguer et le détourner), le courage et le sang-froid des spadas, m'ont tout à fait captivé. Mais le sang, direz-vous, mais les entrailles pendantes, les plaies béantes, toutes ces horreurs vous ont donc laissé insensible? Insensible non pas, vraiment; elles énervent, elles troublent, mais aussi elles sont nécessaires à l'intérêt du spectacle, elles sont la preuve qu'il ne s'agit point d'un combat pour rire, elles soulignent le danger et elles se voient au reste d'assez loin, ces horreurs, étant donnée l'envergure de l'arène, pour qu'on n'en sente pas toute la répugnance. Et puis l'œil ne s'y arrête guère, suivant toujours l'animal dans sa course rageuse, bref je me fais une fête de penser que je reverrai une autre course semblable, à Madrid, le 23, très probablement.

En sortant de la *Plaza*, vers six heures, — les taureaux commencent à quatre, — nous avons fait une très charmante promenade au *Paseo de las Delicias*, tout au long du Guadalquivir : équipages fringants, jolies toilettes, femmes élégantes, arbres superbes, fleurs à foison, parfums d'orangers et coucher de soleil splendide; ce furent deux heures à souhait.

Une dernière visite, le lendemain, d'abord au musée pour revoir les Murillo et le Zurbaran, puis à cette cathédrale qu'on ne saurait oublier et qui, dégagée de tous les voiles de la Semaine Sainte, nous a révélé de nouvelles beautés : le retable du maître autel, haut de 55 mètres, pièce capitale; les grilles de certaines chapelles que l'obscurité passée empêchait de bien voir, puis *la Sala Capitular*, de forme ovoïdale, et dont Murillo a décoré la curieuse coupole de douze portraits de saints et d'une Assomption remarquables; et aussi les stalles de chœur, et que sais-je encore? On n'en a jamais fini.

De là, à *la Caridad*, il n'y a pas loin. C'est un hospice, bien renté par tous les souverains d'Espagne et régi par une confrérie dont nous avions, le jeudi saint, admiré les splendides pasos. De toutes les processions, c'était assurément la plus belle. Au milieu des Nazaréens, tout de noir vêtus, avec la croix rouge de Santiago sur la poitrine, marchaient deux femmes habillées d'or et les cheveux flottants, dont l'une portait un calice et une croix, l'autre une Sainte Face : la Foi et sainte Véronique.

Or cette congrégation, dont le triste privilège est d'assister et d'ensevelir les suppliciés, a présentement pour grand maître le Duc de Montpensier, et j'ai remarqué que l'autre jour on portait devant lui une haute bannière noire aux armes d'Orléans et de Bourbon.

Nous étions attirés à la Caridad par les fameuses toiles de Murillo qui ornent sa chapelle: un Saint Jean de Dieu, trop dur et trop noir, à mon gré, une Annonciation un peu molle, un Saint Jean et un Enfant-Jésus d'une expression exquise, enfin deux longs panneaux de cinq ou six mètres chacun, le *Moïse frappant le rocher* et *la Multiplication des pains*.. Le premier m'a paru le meilleur: on ne saurait rien concevoir de plus harmonieux, de mieux composé, de plus riche en détails et de plus grandiose comme ensemble. Le Moïse et un prêtre placé derrière lui occupent le milieu du tableau. A gauche des Hébreux, un enfant juché sur un cheval, une femme, tous superbes d'attitudes et de coloris; à droite, des juives se prosternant pour recueillir l'eau miraculeuse et l'une d'elles de la dernière beauté. L'autre panneau est plus dur, sauf le fond qui montre, dans le désert, la foule effarée de faim et de soif et qui est d'un rendu blond charmant. — Il y a encore dans cette même chapelle une toile renommée par son horreur et signée *Valdès*: un évêque depuis ongtemps mort est couché dans sa bière où les vers le travaillent; cela est peint avec un réalisme qui donne la nausée et Murillo disait qu'on n'en pouvait approcher sans se boucher les narines.

Le retable de l'autel principal est aussi très précieusement sculpté, peint et doré avec des personnages au naturel d'une vie surprenante. C'est d'ailleurs le luxe par excellence de toutes les églises espagnoles, que la sculpture sur bois s'y épanouisse en des proportions et avec un art tout à fait inconnus chez nous.

En regagnant notre hôtel pour préparer le départ, nous entrâmes à la *Casa de Ciudad*, la nouvelle mairie, dont nous disait-on, l'escalier est à visiter. Beau morceau, à la vérité, et largement taillé dans le marbre blanc, la seule matière admissible à Séville pour les escaliers des maisons décentes. Cependant c'est d'Italie que cela vient et le transport doit en être onéreux. Quoi qu'il en soit, la dite matière n'a point ici été ménagée, mais je remarquai que des lettres, dont le sens m'échappait, étaient gravées en noir et longues d'un pied, sur les six ou sept marches du bas.

PR OV IS OR IA LE S.

Placées qu'elles étaient les unes au-dessus des autres, elles m'empêchaient de les assembler et d'en former un mot. On me fit voir alors que cela faisait *Provisoriales*, ce qui signifie provisoires, et je m'épanouis à cette démonstration triomphante de la gloriole andalouse. Ces marches, qui ont bien quinze pieds de long, devraient être d'un seul morceau; l'orgueil des indigènes ne l'admet pas autrement; mais elles se sont trouvées un peu courtes, on a dû les compléter de deux petits bouts aux extrémités, et alors, de peur que l'étranger ne s'avise de concevoir une idée amoindrie de la splendeur sévillane, on a tracé ce *Provisoriales* ingénieusement pompeux qui proteste contre l'état actuel et affirme que demain ce sera tout différent. Et notez qu'on n'y changera jamais rien. Il en est de tout comme cela en Espagne : on voit grand, on commence toute chose sur une échelle colossale, les fonds manquent, on s'arrête et le provisoire dure éternellement. C'est ainsi que le tiers de cette mairie est ancien et de la bonne et fine renaissance. On a triplé de nos jours l'importance de la façade pour en faire un monument considérable, mais les deux nouveaux tiers demeurent à l'état de pierre brute, sans qu'on y ait tenté seulement le moindre ravalement et dans cent ans il en sera encore de même. Pas d'argent ni dans les coffres de l'État, ni dans ceux des villes, parce que tout le monde vole, à la douane comme aux octrois, et tout le monde vole quasi ouvertement, parce que les agents sont peu ou point payés et qu'il est naturel qu'ils cherchent à vivre. Je vous ai déjà produit ce raisonnement quelque part, mais j'y reviens malgré moi, tant ce cercle vicieux me paraît inextricable.

Voici, par exemple, *El Señor Gobernador*, le Préfet de Séville, de la seconde ville et de la seconde province d'Espagne, qui n'a que 12,000 pezetas de traitement ; il faut bien, pour qu'il puisse tenir sa place, figurer, vivre et économiser quelque peu, qu'il se procure, par des procédés quelconques, trente ou quarante mille francs, sinon davantage. Et les précautions essayées n'y peuvent rien. Dieu sait pourtant si on en raffine dans certaines administrations. Au télégraphe, entre autres, il y a un premier bureau où l'on taxe la dépêche et où on remet à l'expéditeur les timbres destinés à l'affranchir ; muni de quoi, il se doit transporter à un second bureau où la dépêche est reçue et les timbres appliqués. Quelle simplicité, dites! Sans compter que la fausse monnaie est partout et qu'on en a mille ennuis. Dernièrement je venais de vous acheter des boucles d'oreilles dont vous ne serez point fâchée : j'avais payé en loyales pièces et je m'éloignais, quand le marchand, l'œil hagard, court après moi, criant que je lui avais glissé un faux *douro*. Le digne homme me prenait pour un naïf et me voulait écouler quelque rossignol gênant. Vous pensez si je l'ai bien reçu. — Mais il n'importe, et tout cela n'empêche pas que Séville ne soit une séduisante personne à laquelle je ne cesserai de garder le plus sympathique souvenir.

Deux nuits et un jour en chemin de fer, tout d'une traite, nous ont conduits à Lisbonne au travers de paysages pittoresques et variés. Les montagnes de *Belmez*, dans la province de Cordoue, sont très curieuses et hérissées de loin en loin de vieux donjons démantelés. D'*Almorchon* à *Elvas* en Portugal, on suit la vallée féconde du *Guadiana* en passant par *Merida* dont l'aqueduc romain est fort beau bien qu'en ruines, et par *Badajoz* dont les maisons superposées, les fortications, la porte et le pont, se présentent sous un angle très avantageux.

Entre l'Espagne et le Portugal la transition est brusque et frappante. On a franchi, en avant d'Elvas, un petit cours d'eau qui sert de frontière, et voici qu'aux grands espaces abandonnés succèdent les cultures intensives ; voici qu'après les chemins sans forme et sans nom, aux ornières extravagantes, voici qu'après les sentiers tracés dans les torrents à sec, apparaissent des routes bombées, aux banquettes gazonnées et meublées de petits tas de pierres ; voici qu'à la douane se trouvent des gens polis, propres, honnêtes, et alors l'on se récrie et l'on sent qu'on vient d'entrer dans un pays qui est l'antipode et l'ennemi déclaré de l'Espagne. Il est vrai que celle-ci le lui rend bien. Qu'allez-vous faire en Portugal ? ne cessaient de nous dire les Andalous : c'est un peuple lourd, épais, les femmes y sont massives, sans grâce, il n'y a rien à voir d'intéressant?

L'arrivée à Lisbonne, en longeant le Tage, ne manque ni d'agrément ni de grandeur. Partout des treilles, des vignes bien soignées, de plantureuses récoltes, des villas coquettes, des arbres de haute taille, surtout des eucalyptus. Le fleuve est large et sa vallée immense. Nous descendons du train et de la gare même nous jetons sur la rade, les quais et l'embouchure du Tage, un regard charmé.

Nous avons employé notre journée à parcourir la ville : toute en rampes d'une extrême raideur, mal construite, pas belle, pas riche en monuments, mais quelle vue de tous les côtés ! Cette rade couverte de navires comme un bras de mer, la rive opposée toute bâtie, toute verte, toute riante au delà des montagnes bien découpées et puis la barre à droite et l'Océan. Cela vaudrait le voyage!

Le palais du Roi est une grande case dans une situation élevée et merveilleuse ; on en approche, on y pénètre sans la moindre difficulté ; pas de sentinelles, pas de gardes, pas même de grilles aux fenêtres du rez-de-chaussée. Confiance bien peu ordinaire et dont sujets et souverain peuvent également s'enorgueillir. Grande simplicité dans cette cour : le premier épicier venu, s'il a besoin du Roi, peut aller à lui.

La célèbre *Tour de Belem*, bâtie dans le Tage et baignée par le flot, est un intéressant but d'excursion. Elle a quatre étages et de son sommet la vue est splendide. A chaque étage, une grande salle voûtée et devant une terrasse en fer à cheval qui enserre une cour intérieure, entourée de galeries. L'architecture de la Tour est fort riche ; c'est du gothique pas fin, mais puissant. Sur chacun des créneaux sont gravées des croix portugaises ; de grands écussons aux armes de Bragance décorent les façades ; des balcons, des *logias* y font d'habiles saillies, et l'aspect général en est fort satisfaisant.

Tout auprès est un important monument, l'ancien couvent des *Yéronimites* dont la fondation se rattache à l'expédition de Vasco de Gama. Il était allé au moment de prendre la mer, prier à Santa-Maria de Belem, petit sanctuaire alors aussi misérable que vénéré. L'infant Dom Manuel l'accompagnait et fit vœu d'élever à cette même place, si le voyage réussissait, un monastère et une basilique. — Le monastère se reconstruit présentement, sans grand respect de l'œuvre primitive; quant au cloître c'est une merveille de sculpture et de richesse. Il faut oublier ici le goût si fin de notre art français, car c'est une confusion de gothique, de renaissance et d'ornementation arabe tout à fait singulière ; on appelle cela le style manuelesque ; mais, ce style hybride une fois admis, on ne peut nier qu'il ne produise des effets très heureux. La pierre étonnamment fouillée de ce cloître, ses pans coupés aux nervures délicates, ses meneaux, ses clochetons, ses terrasses, son double étage de galeries élégantes et surtout sa couleur rousse et noire, arrachent un cri de surprise ravie au voyageur non prévenu. Je crois qu'il y avait un morceau de ce cloître, dans la rue des Nations, à l'Exposition de 1878.

L'église y attenante est surtout remarquable par l'élévation de ses voûtes et l'audace des six piliers, on pourrait dire des six légères colonnes qui les soutiennent. Le chœur élevé des moines est garni de stalles précieuses ; les deux portails sont également fort luxueux et dignes d'attention. Bref, cet ensemble de constructions fait de Belem le point lumineux de Lisbonne.

Il a plu toute la nuit et nous avons dû remettre à demain la course de Cintra. Nous allons appliquer notre journée à la visite de l'Exposition rétrospective qu'on dit très belle, et des quelques églises qui peuvent en valoir la peine : il est probable que nous partirons pour Porto samedi matin.

J'ai diné hier chez notre ministre, M. de la B., fin diplomate, très galant homme, fort spirituel et bienveillant. Sa femme ne lui cède ni en distinction ni en grâce aimable.

Mais on m'appelle. Je vous quitte à regrets, comme Séville, mes bien chers amis ; n'attendez plus maintenant de lettre avant Madrid ; j'ai peur de ne pouvoir écrire de huit jours peut-être.

Lisbonne, 16 avril, dimanche 10 heures soir.

Contre mon attente, chère amie, c'est encore de Lisbonne que je vous écris. Il est vrai que si j'y suis encore, je n'y suis plus guère, car mes bagages sont déjà sur le chemin de la gare, et je les y rejoindrai dans une heure pour prendre un train de minuit qui nous mettra demain à Porto, vers le milieu du jour. Nous ignorions hier encore l'existence de ce train de fraiche création, et j'utilise le loisir qu'il me donne en vous narrant nos derniers gestes.

C'est l'Exposition et un peu aussi la pluie qui nous ont retenus ici deux jours de plus que nous ne devions; c'est aussi que Lisbonne, encore que dépourvue de monuments superbes, est une ville intéressante à parcourir; c'est enfin qu'il y avait ce tantôt une course de taureaux portugais à laquelle nous n'étions pas fâchés d'assister. Nous n'en réitérons pas moins dans les conditions de notre programme et nous serons à Madrid jeudi ou vendredi au plus tard.

L'Exposition rétrospective de Lisbonne est la première tentative de ce genre qui ait été faite en Portugal. On n'imagine guère à quel point ce petit pays est encore simple et naïf sous beaucoup de rapports. Ayant peu de commerce, point d'industrie, tributaire des autres nations et tout particulièrement de l'Angleterre, il s'endort dans l'indolence d'un admirable climat, se laisse vivre et semble n'avoir souci ni d'accroître, ni même de compter ses richesses.

Il y parut bien pour cette Exposition ; le Roi Dom Fernando, père du Roi actuel, est un Mécène plein de goût, actif et animé des meilleures intentions. Il caressait depuis longtemps ce projet, et s'était heurté d'abord, malgré sa situation et sa popularité, à la force d'inertie de ses compatriotes. A la fin pourtant, quelques-uns se laissèrent galvaniser; on se mit en quête, on alla frapper à la porte des grands seigneurs, des couvents, des églises. Aux premières demandes, l'étonnement était grand. Une Exposition, en Portugal? à quoi bon ? D'ailleurs on n'avait rien... — Mais cependant... — Eh bien ! puisque vous y tenez, voyons... — On cherchait et des merveilles sortaient de l'ombre épaisse où sans nul doute elles auraient sommeillé jusqu'à la consommation des siècles.

On me narrait le cas d'un descendant d'Albuquerque, grande fortune, grand état de maison. « Vous du moins, vous devez avoir quelque chose ? — Oh ! je ne crois pas, mais pour vous faire plaisir, je demanderai à Manuela » (la femme de charge). Manuela consulta celle qui tenait la place avant elle et puis quelques autres vieux serviteurs encore. On s'en alla ainsi en bande dans les divers châteaux du personnage, on essaya beaucoup de clefs, on regarda tout au fond de beaucoup d'armoires et l'on finit par trouver des raretés sans prix.

Bref, comme vieilles étoffes, comme faïences, comme émaux, mais comme orfèvrerie surtout, c'est une exhibition absolument splendide. On n'a jamais vu et je ne pense pas qu'on revoie jamais un assemblage pareil de matières précieuses sous les formes les plus élégantes et les plus variées. Cinq grandes salles en sont entièrement remplies. Croix, ostensoirs, calices, burettes, coquilles à encens, bâtons de procession, lampes de chœur, chandeliers, devants d'autel, plateaux, buires, bannettes, soupières, salières, etc., etc., il y a de tout, et dans les plus beaux spécimens : tous les siècles de l'art y sont représentés, depuis le XIe jusqu'au XVIIIe, depuis les crosses et les châsses émaillées, jusqu'aux surtouts de Germain. Et sur mainte et mainte pièce, des gemmes, des cristaux de roche, des pierres fines de toutes grosseurs et de toutes couleurs, un véritable éblouissement, quoi !

Tout cela, vous l'avez compris, n'est pas exclusivement portugais : il s'y rencontre des pièces espagnoles, nombre d'italiennes de la Renaissance, quelques allemandes et des morceaux français des deux derniers siècles. Les produits indigènes sont assez médiocres, sans dessin arrêté et surchargés de détails : ce peuple de navigateurs célèbres et de grandes découvertes n'eut jamais beaucoup le génie des arts ; il ne compte ni un musicien, ni un architecte, ni un sculpteur, ni un peintre : tout au plus quelques orfèvres et un poète qu'on ne lit guère : Camoëns.

Donc le Portugal ne saurait s'enorgueillir, comme d'une production nationale, de tout ce qu'il montre aujourd'hui aux visiteurs de son Exposition ; mais il peut être fier de l'avoir voulue et réussie à ce point, fier de posséder autant de chefs-d'œuvre dans un état aussi extraordinairement beau.

Je crois vous avoir indiqué que ce sont les vases et ustensiles religieux qui dominent. La générosité des princes et des rois, servie par l'abondance des métaux que l'Amérique envoyait à la métropole, a accumulé dans les monastères et les temples tous ces dons inouïs de recherche et d'éclat. Et de même que l'on voit en Espagne des vierges couvertes de joyaux, de même ici tous les raffinements du ciseau étaient mis à contribution, pendant que les femmes pieuses détachaient leurs parures pour ajouter au trésor de leur sanctuaire préféré. Si l'on considère ce qui en reste et si l'on tient compte de tout ce qui fut aliéné, détruit, pillé, perdu, on demeure abasourdi de tant de magnificence.

Aux étoffes, aux ornements d'église, l'admiration est tout aussi justifiée. Nulle part, même en Italie, on n'a brodé avec cette perfection. Trois salles y suffisent à peine. J'y ai remarqué, entre autres, une bande charmante, dont le procédé serait à retenir : De la toile assez fine, mais bise, sur laquelle des centaures, des rinceaux sont dessinés par un petit point bleu à l'aiguille, par un seul point menu qui trace aussi les nervures des feuilles et le musclé des animaux ; puis un fond brodé en soie jaune au point de chaînette très serré, entrant dans tous les interstices et remplissant tous les intervalles ; mettez cela, toile bise, tracé bleu et fond jaune, sur une bande de panne rouge et vous obtiendrez un effet délicieux.

De belles armes, de belles tapisseries, quelques riches meubles portugais rappelant le *certosino* italien, mais avec trop de cuivre; un saint Jérôme en terre cuite, de *Vanulelli*, sur lequel il y a une légende : Philippe II le regardait et ne s'en pouvait détacher; sa suite finit par laisser percer quelque impatience : « J'attends qu'il parle, » répondit le Roi, et de fait rien de plus expressif, rien de plus vivant que cette figure; toute une série de *Luca* et d'*Andrea della Robbia;* quelques bonnes toiles flamandes, dont un Christ en tunique rouge et un saint Jean en extase; enfin dans une salle basse, trois voitures de gala phénoménales par leur ampleur, leur forme, le nombre et la grandeur des figures allégoriques en bois doré qui en ornent les trains, voilà en gros ce que je retiendrai de ma double visite à cette Exposition fort confortablement installée et très méthodiquement, très intelligemment classée dans l'ancien palais de Saldapenha, aujourd'hui l'Académie des Beaux-Arts. Un des secrétaires, M. Simons, a bien voulu, la seconde fois, nous en faire les honneurs avec le plus aimable empressement. Ce sont de braves gens, les Portugais, apathiques peut-être, mais très courtois, et j'aurai l'occasion de vous expliquer que leur courtoisie à notre égard n'est qu'un reflet de leurs sympathies pour la France.

On visite peu cette exhibition; on a grand tort. Lisbonne est un peu loin, cela est vrai, mais la chose est belle et rare et ne se reverra de longtemps. Yriarte va publier sur elle un travail raisonné, malheureusement la clôture en est fixée au 31 mai et quand cet appel aux amateurs paraîtra, il sera déjà trop tard.

Au reste, M. de la B..., qui a été de tous points charmant pour nous, me disait l'autre jour que c'était tout au plus s'il voyait par an une cinquantaine de Français, gens du monde, même en comptant ceux qui passent par Lisbonne pour aller en Amérique...

Porto, lundi soir.

Je n'ai pu achever ma lettre hier au soir, à Lisbonne : il m'a fallu gagner la gare. Nous avons passé la nuit en wagon et nous sommes éveillés au petit jour vers Pombal, nom célèbre dans l'histoire du Portugal, petite ville assez agréable dominée par un terrible vieux château. De là jusqu'à *Porto*, la voie parcourt une série de jolies vallées, rappelant beaucoup certaines parties de l'Anjou, du côté de Sablé; mais un Anjou planté d'eucalyptus splendides, d'aloès, de cactus, de citronniers et d'orangers; enfin, en approchant davantage de notre but, j'ai retrouvé certaines vues des environs de Redon et certains aspects de Sologne. Vous le dirai-je, nous nous en sommes sentis comme réjouis. Certes les paysages d'Espagne ont généralement un caractère bien plus original et bien plus grandiose, mais c'est avec sympathie que nous avons salué ce petit *change*.

L'eucalyptus dont je viens encore de vous parler, est maintenant le véritable arbre, la fortune, la providence de la péninsule ibérique; on le trouve partout; beaucoup de pieds sont d'une majestueuse hauteur; les plus anciens ont environ 80 centimètres de diamètre et poussent vigoureusement; c'est un fort bel arbre, dont le feuillage a des teintes agréables et dont le port est élégant comme celui du bouleau.

Mais avant de vous raconter Porto, j'en veux finir avec Lisbonne et ses environs.

Dans la ville même, on visite avec intérêt la *Capilla Real* de l'église *San Roque*, d'une richesse folle, colonnes de lapis, marbres rares grands tableaux en mosaïques finissimes, bronzes surprenants d'exécution, hauts chandeliers en argent doré massif, superbes, même trop beaux, portières brodées mirobolantes, etc. — La cathédrale, nommée *la Sé*, n'a rien de bien curieux, sinon que ses chanoines y sont vêtus de rouge comme des cardinaux. L'archevêque de Lisbonne jouit au reste de ce privilège unique d'être cardinal de droit, en ce sens que, par suite d'un bref octroyé en bonne forme au temps de Vasco de Gama, le Pape est tenu de donner la pourpre à cet archevêque dans le premier consistoire qui suit son installation.

Il paraîtrait toutefois que le clergé lusitanien ne se montre guère digne ni de cette faveur insigne ni d'aucune autre, tant à cause de ses déplorables mœurs que de son niveau moral et intellectuel; il est peu estimé et n'exerce aucune influence. Par contre, les Lazaristes qui desservent notre église de Saint-Louis des Français sont portés aux nues ; ils dirigent toutes les consciences distinguées de la ville sans compter les autres, et l'on voit même, à chaque carême, plusieurs milliers de paysans venir des environs à leurs confessionnaux. C'est à Saint-Louis des Français que tout le corps diplomatique (les Italiens et les Anglais exceptés, qui ont chacun une église où personne ne va), se rend pour les divers offices de la semaine sainte. Enfin les enfants des plus grandes familles de Lisbonne suivent les leçons des Pères sur les mêmes bancs que les enfants pauvres de nos nationaux. En même temps la maison de nos sœurs de Saint-Vincent de Paul reçoit les filles de la meilleure noblesse, côte à côte avec les petites Françaises indigentes et tout cela fait sa première communion à Saint-Louis des Français. Hier, à la messe, M. de la B... nous faisait remarquer sur l'autel deux bouquets magnifiques. C'est la duchesse de Palmela, la plus grande dame du royaume après la Reine, qui envoie ces fleurs tous les samedis, depuis vingt-cinq ans, au sanctuaire où se fit sa première communion. L'intérieur et la grande porte de l'Église ont gardé les écussons fleurdelisés de Louis XIV.

Nous avons été présentés au Père Miel, supérieur des Lazaristes, homme de bien, de savoir et de sens, qui nous a reçus dans une vaste salle où se regardent tout souriants nos divers souverains depuis Henri IV, en passant par l'Empire premier et deuxième, pour finir par les bustes en biscuit de nos trois Présidents. En France, où politiquement un clou chasse toujours l'autre, on n'a pas souvent la veine de contempler toutes ces augustes faces réunies sur le même lambris.

La supérieure des sœurs de la Charité dont nous avons également visité la maison, est une femme d'une haute capacité, Mme Lequette, nièce de l'Évêque d'Arras, nièce aussi de deux supérieures générales de Saint-Vincent de Paul, et destinée, croit-on, comme elles à gouverner un jour cette admirable République de la charité et de la vertu.

Notre ministre nous a tout un jour promenés au travers de sa résidence qu'il semble aimer beaucoup, depuis le *Petit Palais de Belem*, où nous avons salué d'exclamations étonnées les quarante-sept anciennes voitures de la cour de Bragance, jusqu'à la *Pénha de Francia* d'où l'on jouit d'un splendide panorama sur Lisbonne avec les fameuses lignes de *Torres Vedras* à l'horizon. C'est la ligne de défense stratégique de la capitale ; c'est là que Wellington opposa, en 1808, à Masséna une si courageuse résistance. Les Portugais en ont plein la bouche de leurs Torres Vedras; mais comme leur armée entière ne compte que 23,000 hommes et que cette intéressante ligne n'a pas moins de quinze lieues d'étendue, il est évident qu'ils en seraient réduits, le cas échéant, à masser leurs troupes sur un ou deux points et à placer des écriteaux aux autres défilés avec « Défense de passer ». Pure hypothèse d'ailleurs; cet honnête peuple ne menace personne et personne ne lui veut mal. Je me suis seulement demandé pourquoi son armée est si vilaine, tout habillée de noir, sombre, triste, sans galons, sans couleurs. En revanche il y a dans la rade une petite escadre bien tenue.

Dernièrement le Roi et la Reine d'Espagne sont venus visiter Leurs Majestés Très Fidèles. Pour la circonstance on a retapé les troupes et Don Luiz répétait avec bonhomie : « Je voudrais beaucoup qu'il ne plût pas le jour de la revue; la pluie, vous savez, ça abîme bien les uniformes. » Digne monarque, il y a de l'Henri IV et du Colbert dans ce mot-là. Par bonheur il ne plut pas et le défilé officiel sur les quais du Tage était, dit-on, d'une pompe admirable, malgré l'enthousiasme réservé de la foule. Car si les deux souverains et leurs gouvernements se sont très cordialement rapprochés, le petit peuple lusitanien, passionné d'autonomie et d'indépendance, regarde toujours son voisin d'un œil ombrageux. Vous savez que Prim offrit naguère au Portugal de s'annexer l'Espagne où les partis se voyaient impuissants à rien fonder; et vous savez aussi que le Portugal, avec une incroyable sagesse, repoussa cette tentante ouverture, satisfait de rester lui-même. Que pourrait-on conter, dites-moi, qui soit plus à l'honneur d'une nation.

Cependant, durant une semaine, on s'amusa follement au Palais d'Ajuda, et plus que tout autre, le jeune souverain espagnol, qui, plein de sève et de gaieté, s'efforçait d'entraîner à son exemple le Roi dom Fernando, un peu plus mûr que lui : « Allons, mon vieux, il faut danser. » L'interjection est authentique, et j'ajouterai qu'elle est vraisemblable, car il semble que l'étiquette devienne plus pesante chaque jour aux têtes couronnées.

Personne, paraît-il, n'en a souffert autant que la Reine Maria Pia, qui tient comme tempérament beaucoup plus de son père Victor-Emmanuel que de sa sœur, la princesse Clotilde; qui est une honnête femme comme celle-ci, mais qui, comme celui-là, aimerait le mouvement, l'activité, les exercices violents, l'équitation, la chasse, vraie Parisienne d'esprit, d'élégance et de goût, ne parlant et ne voulant parler que le français, au courant de toute notre littérature, voire de la zoliste, et qui, pendant les premières années, tolérait impatiemment la solitude et la claustration auxquelles on la condamnait. Les charges de grande maîtresse, de dame d'honneur, sont en effet ici héréditaires dans quelques familles, et les femmes qui les remplissent s'en transmettent très rigoureusement les traditions les plus étroites. Or, si l'étiquette est sévère pour la Reine, elle est peut-être plus rigoureuse encore chez le Roi dom Fernando remarié morganatiquement, en 1860, avec une cantatrice de l'Opéra de Lisbonne. Cette dame a reçu le titre et le nom de comtesse d'Edla, mais elle n'a droit à aucun honneur particulier et on ne lui donne pas même officieusement de l'Altesse. Quand elle va au Palais, elle y prend seulement sa place de comtesse, à son rang de nomination, car duchesses, marquises, comtesses, baronnes, se classent comme on fait en Angleterre le *pearage* à la main. Ici un petit détail et curieux et touchant. Aux bals de cour, les princes seuls doivent souper assis, toute l'assistance demeurant debout, et l'on voit alors Dom Fernando souper debout avec tout le monde, pour éviter à sa femme l'ombre d'une contrariété. Leur habitation, située en belle vue et entourée d'un charmant parc, se nomme *las Necessidàdes* et n'est pas loin du cimetière *das Delicias*. Les noms ont parfois des fantaisies.

S. M. don Luiz est de taille moyenne, un peu fort, blond; nature très droite, très loyale, très bienveillante et très simple. Les diplomates le vont trouver, quand cela est à propos, sans avoir besoin de s'assurer d'une audience; il en est ainsi pour presque tout le monde; on monte au Palais; un officier, un secrétaire se chargent de prévenir Sa Majesté et l'on est reçu. Il arrive qu'on le rencontre se promenant à l'aise par les cours et escaliers; une fois même quelqu'un le trouva qui revenait de sa cave, un paquet de clefs à la main. C'est ainsi encore que, lors de la dernière maladie de la Reine, dom Luiz descendait souvent lui-même en donner des nouvelles, sur le seuil de sa demeure, aux braves ouvriers venus, après leur journée faite, pour s'en enquérir. Et ses remerciements étaient toujours d'une bonne grâce parfaite. Est-il besoin d'ajouter qu'il est très aimé et qu'on lui reproche seulement un peu de s'être laissé influencé par des ministres impopulaires?

Nous suivions une grande rue du faubourg quand deux jeunes cavaliers et un officier passèrent devant nous au petit galop de ravissants chevaux andalous. A leur aspect, les hommes ôtaient leur bonnet, les femmes assises aux portes se levaient et saluaient d'un sourire, et eux répondaient de la main, amicalement : c'étaient les deux fils du Roi ; je les suivis des yeux, à la fois charmé et jaloux de voir ce brave peuple et ces gentils princes en si bonne intelligence.

Il y a cependant en Portugal un parti républicain qui naturellement s'appuie de toutes ses forces sur la France, pour qui tout événement français est un prétexte à manifestations, et qui donne même par là souvent de l'ennui à nos agents. Un de ceux-ci, le chancelier du consulat, ne laisse pas d'être un personnage, étant le propre fils de la corsetière de la Reine, laquelle corsetière est la cousine germaine de M. Jules Grévy.

Malgré cela, la France est aimée ici de tout le monde ; la France est tout et l'Angleterre qui tient tout le commerce portugais, n'est rien ; et quand les escadres des deux pays sont en rade, comme cela est arrivé récemment, c'est sur un navire français, non sur un anglais, que le Roi monte : et l'on voit la noblesse locale aller à la légation de France, et délaisser celle d'Angleterre, etc., etc. Je n'en finirais pas à vous tout raconter là-dessus, et ma foi je le ferais volontiers si j'en avais le temps. C'est si rare que notre malheureux pays ne soit pas honni et détesté.

Les magnifiques carrosses que nous avons vus à Belem racontent éloquemment quel était autrefois l'apparat de cette cour. La plupart datent des derniers siècles ; plusieurs viennent de Paris et furent des présents de Louis XIV et de Louis XV. Il en est un qui servait à Philippe II, vraie lanterne assez ample pour qu'une table pût être dressée entre les huit personnes qui le meublait. Un autre, singulièrement habillé, recèle sous les coussins du fond deux ronds de précaution qui font rêver. Ce ne sont que dorures, vernis plus ou moins Martin, beaux lampas, velours de Gênes, etc. Il s'y trouve encore deux ou trois petits chars destinés à porter le Saint-Sacrement à travers la ville et dont la forme est bien bizarre. Les processions sont ici fréquentes et somptueuses, et c'est chose originale que d'y voir figurer, marchant immédiatement devant l'ostensoir, en armure et revêtu des grands ordres du Royaume, un mannequin à cheval qui représente Saint-Georges son patron.

De cette collection de carrosserie extraordinaire, nous sommes allés tout droit à la sépulture des Rois et Princes de Portugal, et le contraste est violent, je vous assure, entre la richesse de l'un et l'imposante simplicité de l'autre. Le Saint-Denis de Lisbonne se nomme Saint-Vincent et est située sur une colline élevée, à l'autre bout de la ville, du côté de la gare. Après l'église qui n'est que grande, on traverse deux vastes cloîtres lambrissés, comme beaucoup de monuments et même de maisons de ce pays, avec de larges panneaux de faïence blanche et bleue, d'un beau caractère. Ceux-ci sont manifestement du XVIIIe siècle, et reproduisent les fables de La Fontaine, qu'on est un peu surpris de rencontrer en pareil lieu.

Le deuxième cloître communique avec une sorte de chapelle-galerie où sont rangés des deux côtés, sur un entablement, de nombreux cercueils en velours ou en drap rouge fauve garnis de clous dorés et ressemblant assez par leur couvercle arrondi aux grosses malles de nos paysans. Sur chacun d'eux une plaque et une légende rappelant les noms du défunt; une haute couronne est posée sur ceux qui ont régné. Rien de plus simple et rien de plus grand. Ils sont là tous depuis 1640, je crois, sous la seule protection du respect public; la nécropole est grande ouverte; entre qui veut, sans permission, sans gardiens, et cette liberté d'accès est peut-être excessive, car nous avons trouvé qu'un goujat bordelais, placeur de vins sans doute, avait mis sa carte de visite à plusieurs cercueils, pour se faire de la réclame ou se donner de l'importance. Nous avons arraché et déchiré cet impertinent vélin.

Une des plus belles places qu'on puisse voir est certainement la *Praça do Commercio*, en bordure du Tage, encadrée sur tous côtés de somptueux édifices à portiques élégants, et meublée à son milieu par la statue colossale de José Ier en bronze. Elle a été entièrement rebâtie après le tremblement de terre de 1755, et tous les ministères et administrations publiques y sont installés.

Parmi les habitants de Lisbonne, une classe très singulière est celle des pêcheurs et des marchandes de poisson : les hommes, hardis marins, sont constamment au large; les femmes, au teint mat, aux grands yeux énergiques, plutôt petites, bien faites, pieds fins et jambes nerveuses, s'en vont vendre par la ville la pêche de leurs pères ou maris. La jupe serrée au-dessous des hanches pour former à la taille un énorme bourrelet, la tête couverte d'un mouchoir de couleur sous un feutre d'homme qui, lui, reçoit la charge, ces femmes ont une allure vive, solide, hardie, et une ondulation, un balancement dans la marche qui défie toute description : c'est en outre un fait acquis que cette race, très à part, ne se mésallie jamais avec le reste de la population.

Point de jolies femmes dans les rues. Deux ou trois seulement aux Taureaux où nous avons passé quelques heures hier. Ces *corridas* diffèrent essentiellement de celles d'Espagne. On n'y fait pas éventrer de chevaux et le taureau n'y est pas tué. Il est *embolado*, il a des manchons aux cornes qui l'empêchent d'être meurtrier ; un cavalier, monté sur une bête vaillante et charmante, le provoque, se laisse charger, l'évite par des voltes habiles, et se retournant à point lui plante hardiment ses banderillas à la nuque. L'agilité de l'homme et la souplesse de sa monture sont tout à fait surprenantes : ils sont de plus fort galamment accoutrés l'un et l'autre. Entre temps, les chulos et banderilleros font leur office accoutumé ; l'un d'eux a voulu, devant nous, attendre sur une chaise le choc du taureau, a reçu un coup de tête en pleine poitrine et a été emporté grièvement blessé. A la fin, quand l'animal halète, essoufflé, et ne montre plus assez d'activité, des bœufs sont introduits qui l'enveloppent et le ramènent docilement au toril. On vous en sert comme cela treize à la file et c'est assez, car si ce spectacle est plus gracieux que la course espagnole, il est beaucoup moins empoignant. Hier l'alcade ayant eu la maladresse de faire rentrer trop vite un taureau, non encore rendu puisqu'il venait de franchir par deux fois la barrière, s'est vu interpeller, huer, injurier, siffler durant un bon quart d'heure, police présente (on a le droit de tout dire aux Taureaux) et a fini, le faiblard, par prescrire que l'animal fût ramené. Vous n'avez pas idée de la violence de ce public, des figures convulsées, des poings crispés : c'était comme une infernale petite Convention. Tant de cris pour si peu de chose ! Mais l'air déconfit, ahuri, du pauvre alcade m'amusait fort, et je m'accuse de l'avoir, à l'exemple des autres, chargé à bout portant de mes plus terribles objurgations.

Les enterrements sont aussi bien particuliers dans ce pays. Un cabriolet, dont la caisse est rouge et or et perchée sur deux hautes roues de mêmes couleurs, avec rideaux de cuir fermés, reçoit le prêtre et son acolyte : devant eux la bière est placée en travers sur le brancard, et le tout s'attelle de deux chevaux à la Daumont, avec postillon toujours rouge et or. Nous avons donné le scandale l'autre jour à tout un quartier, car ayant rencontré un de ces véhicules arrêté à une porte, nous en avons demandé l'usage au conducteur. Or ses explications nous demeurant incompréhensibles, malgré de mutuels efforts, un de nous s'avisa tout à coup qu'il devait s'agir d'un baptême et nous voilà nous gaudissant de cet étrange équipage, à la grande stupéfaction des voisins agglomérés. A Naples aussi, du reste, on enterre en rouge et en jaune.

Les charrettes ne sont pas moins étranges, petites, étroites et montées qu'elles sont sur un énorme essieu qui tourne avec deux grosses roues massives en bois plein. C'est exactement la machine qui devait au temps jadis conduire la reine Frédégonde à la messe.

Enfin nous avons vu *Cintra* et qui n'a pas vu Cintra ne sait qu'imparfaitement ce qui est beau. C'est approximativement le Saint-Germain de Lisbonne, mais ce Saint-Germain est planté sur une chaîne de montagnettes, où les plus superbes rochers émergent de la verdure, aspectant d'un côté la vaste plaine de Lisbonne et de *Mafra*, de l'autre, l'Océan, dominé par l'étonnante féerie de la Pénha, résidence d'été du Roi Dom Fernando, et tout débordant de gracieuses villas, noyées dans les végétations tropicales.

De ce délicieux village à *la Pénha*, on gravit — le plus souvent à dos d'âne, mais nous nous y sommes refusés, — un lacet terriblement raide quoique fort bien entretenu. Il y avait là naguère une ruine de vieux couvent; le Roi père l'acheta en même temps que les deux ou trois montagnes voisines, éleva sur la crête majeure un imbroglio de bâtiments en style innommable, avec tours, galeries, coupoles, terrasses, etc., dessina un parc adorable, plein de fraîcheur, de beaux arbres et d'eau, planta une haute croix sur un piton, sur un autre la statue colossale et grotesque de Vasco de Gama, retapa soigneusement les vieilles murailles sarrasines, s'arrêta, regarda et dit : « Mon œuvre est bonne. »

En fait, cette demeure est aussi invraisemblable que ravissante : on y a de toutes parts des vues splendides, (je me suis, malgré un vent furieux, hissé jusqu'au campanile le plus élevé) et quand, descendant du château, qui n'a d'un peu précieux que sa chapelle, nous nous sommes dirigés vers Montserrat, nous avons parcouru des bosquets de rhododendrons, d'azalées et de camélias en fleurs, hauts de huit ou dix mètres peut-être, qui sont au monde ce qu'il y a de plus joli.

Montserrat est la villa d'un Anglais, vicomte Cooks, à une lieue environ de Cintra. La route est délicieuse, en corniche avec des échappées sur de fraîches vallées et sur la mer; on passe devant la demeure du noble duc de Loulé, et devant la *Pénha-Verde* aux Castro. Ce grand nom de Castro est ici partout. Rien d'enchanteur comme le parc de Montserrat. Nulle autre part je n'ai rencontré de pareils arbres, chênes-lièges superbes, eucalyptus gigantesques variétés de conifères à se pâmer; et un art dans le dessin, et un entretien, et des pelouses, et des palmiers, et des lataniers et des plantes rares, et des horizons au travers de tout cela! — L'habitation, à l'italienne, placée au bout d'un promontoire, n'était pas visitable; à l'intérieur, on attendait les maîtres; mais un serviteur intelligent nous en a ouvert toutes les fenêtres et nous avons plongé. Un grand luxe, des meubles et objets précieux, mais tout cela froid et trop correct, trop anglais pour mon goût. Au demeurant un site exquis; cette demeure à coupole fait très bien dans le paysage, moins bien encore pourtant que la fière silhouette de la Pénha.

Le Roi Dom Luiz possède un assez modeste château dans le village même; ancien palais mauresque auquel il en est resté quelque chose.

On n'oublie jamais Cintra quand on y a passé quelques heures : il faudrait pouvoir y séjourner quelques semaines. Les hôtels y sont bons; les promenades infinies et toutes charmantes.

Nous nous y sommes rendus en faisant un crochet et en passant par le bord de la mer jusqu'à *Cascaës* dont les rochers nous ont plu... A un kilomètre de ce petit lieu de bains salés se trouve *la Bocca d'Inférno*, sorte de grotte avec une grande arche naturelle où l'Océan déferle épouvantablement sur des parois de la plus belle couleur. C'est très beau; Cascaës est plein d'agrément, la Cour y vient chaque année dans une habitation fort simple, et la route depuis Lisbonne n'est qu'une suite ininterrompue de villas et de bourgs gracieux tout couverts de feuillages et de fleurs. Nos cochers stoppent pour faire boire les chevaux : Le nom de ce hameau? *Carcavel'os*. — Holà! s'écrie l'ami Henry, bas les chapeaux, messieurs! Carcavellos, c'est un fameux vin! — Et nous entrons à l'auberge et les bouchons sautent et nous rendons un hommage convaincu à l'excellent et sain breuvage!

Entre Cascaës et Cintra, il m'a été donné de constater un phénomène végétal pour moi sans précédent. De chaque côté du chemin, parmi des paquets d'aloès vigoureux, poussent à l'état naturel, en vrais buissons touffus et hauts de plus d'un mètre, des géraniums rouges, roses et violets odorants; à cette heure ils sont tout fleuris et c'est, vous en conviendrez, d'une rencontre assez coquette. On voit aussi un peu partout, tapissant gentiment les maisons, une plante inconnue chez nous, le Bougainville, aux belles campanules nacarat ; le palais d'Abrantes, où est installée la légation de France, en est tout couvert.

Avant de quitter Lisbonne nous n'avons pas manqué de traverser la rade sur un petit steamer qui constamment fait la navette d'une rive à l'autre. Montés au fort dont *Carilhas* est couronné, nous avons beaucoup joui du panorama général de la cité étagée sur tous les mamelons, baignant ses pieds dans le Tage et dominée par les Torres-Vedras. Magnifique spectacle en vérité.

Et maintenant, je me vais coucher. La nuit dernière n'était pas confortable ; il est onze heures bien passées, nous nous levons demain très matin pour aller jusqu'à l'embouchure du Douro et j'ai sommeil. J'espère que le courrier va m'apporter de vous quelques lettres. En arrivant ici, je n'ai rien trouvé et ça été une grosse déception...

Porto, mardi, 18 avril.

Porto, vu de loin, ne se dessine pas comme une ville à monuments ; à proprement parler il n'y en a point, mais c'est malgré cela, pour le touriste une étape, des plus attachantes. Le *Douro*, son fleuve, sort de vallées charmantes au-dessus desquelles s'échelonnent des chaînes de montagnes toutes vertes jusqu'à leurs sommets. J'en ai compté sept rangs superposés ; cela fait des fonds délicieux. De plus, la rivière est encaissée entre deux hautes murailles de rochers à pic, et comme elle n'a guère que deux cents mètres de large, l'effet n'en est que plus saisissant. Le railway la traverse sur un pont de fer d'une surprenante audace, et la ville s'accroche comme elle peut aux pentes granitiques, descendant les cauches, remontant les croupes, et faisant avec ses toits rouges, ses façades multicolores et ses végétations éparses, une cuisine extraordinaire. Je n'ai jamais rencontré un aspect plus riant, plus attrayant, miroitant, et comme le Douro, dans la traversée de Porto, fait un S, les effets changent à chaque pas et l'on marche de surprise en surprise.

Au milieu de tout cela, le va et vient des rues est surprenant et coloré au possible ; toutes sont en pente et tellement abruptes que les bœufs seuls peuvent s'en tirer : grands bœufs aux cornes immenses, aux jougs élevés, historiés et peints, aux chars massifs et conduits par de petites filles très hardies. Les fardeaux sont portés sur la tête par des femmes, admirablement campées, d'un type accusé, de formes puissantes et vêtues de costumes bariolés à damner les meilleures palettes : front ceint d'un foulard rouge ou jaune, toquet de velours noir garni de pompons, corsage bleu avec fichu brillant, manches blanches, tablier vert, jupe énorme bleu marine, bras, jambes et pieds nus ; c'est étonnant et nous avons passé au marché des heures très intéressantes à les étudier. Leur allure est vive et rapide, souvent même on les voit courir sous les faix écrasants qu'elles portent et leur déhanchement est extravagant. On les prendrait toutes pour de superbes nourrices qui n'ont besoin d'aucun soutien. Elles sont en outre couvertes de bijoux, aux mains, à la poitrine, aux oreilles; il en est qui à chaque lobe portent deux boucles et deux énormes croix au col, ou bien une croix et un cœur gigantesques en filigrane d'or. Malheureusement, à cause de leurs dimensions, ces bijoux ne sont pas rapportables ; les boucles n'ont pas moins de six ou huit centimètres de diamètre et vous ne sauriez qu'en faire.

Le grouillement de la rue m'a rappelé Tanger ; hors les charrettes, il ne s'y trouve aucune voiture, mais seulement des tramways qui suivent audacieusement les artères les plus contournées et descendent ou montent avec des sept ou neuf mules, au grand galop, des rampes à quinze degrés peut-être. J'en ai rougi pour nos tramways parisiens. Le port non plus n'est pas banal, un peu primitif comme quais et bordé de masures étranges ; mais il n'en a que plus de mérite.

Ce matin nous sommes allés nous promener jusqu'à l'entrée du Douro; la barre en est terrible et y amoncèle de dangereuses grèves; présentement le chenal n'a guère plus de quarante mètres. N'est-ce pas incroyable qu'on ne fasse rien pour y remédier? Il y a là un petit port de pêcheurs et de villégiature extrêmement agréable. Nous ferons tantôt une excursion semblable sur l'autre rive pour jouir de l'aspect général de Porto. Le temps est redevenu superbe.

Nous devions partir aujourd'hui même pour *Coïmbra* et pour *Tolède*, quarante-huit heures de chemin de fer; mais ils étaient tous fort désireux de rester encore ici cette journée entière et ne se décidaient au départ que pour ne pas me désobliger. L'ennui de quitter Porto sans avoir vos lettres m'a facilement incliné au sursis qu'ils désiraient et nous ne nous mettrons en route que demain matin, pour passer notre vendredi à Tolède et gagner Madrid le soir du même jour. Nous y demeurerons au moins jusqu'au mercredi, peut-être jusqu'au jeudi qui sera le

27, hôtel de la Paz. — Nous sommes toujours bien. Les Lillois sont de bons et aimables compagnons ; les deux ménages doivent avoir déjà rallié Paris. — Nous emporterons le meilleur souvenir du Portugal. C'est un délicieux pays, et si la Commune triomphante nous met quelque jour hors la loi, je sais maintenant où nous porterons notre tente...

Madrid 24 avril au soir.

Notre dernière après-midi à Porto s'était écoulée, partie au grand marché dont le mouvement, les costumes, l'originalité totale, nous tenaient sous le charme, et où je vous ai acheté quelques petits bijoux et de jolis mouchoirs à broder, partie à Foz où mes amis voulaient contempler la marée, partie enfin sur la rive droite au faubourg de Gaya dont l'ascension n'est pas ingrate. De plusieurs points en effet on y prend sur la cité et sur le cours du fleuve des vues merveilleuses. Un digne instituteur, nommé lui aussi Gaya, fort capable et trop supérieur à sa condition pour que nous n'ayons pas cru à quelque vie brisée, nous a bien obligeamment ouvert sa maison dont les fenêtres étaient à souhait. Sa conversation m'a intéressé et sa philosophie un peu triste m'était sympathique. C'est à Gaya qu'est centralisé le commerce des vins de Porto.

En route le lendemain de bonne heure, nous venions déjeuner à Coïmbra et nous précipitions ensuite à l'assaut de la vieille Université, perchée comme une citadelle au plus haut sommet du pain de sucre auquel la ville est adossée. Naïve, simple et attachante fondation contemporaine de la Monarchie portugaise, et réorganisée au siècle dernier par l'illustre marquis de Pombal, elle se compose d'un carré de bâtiments enfermant une vaste cour plantée d'essences rares, et où tout le jour élèves et professeurs se promènent dans un costume très particulier.

Tout de noir habillés, ils ne se séparent jamais d'un immense manteau de drap également noir, qu'ils portent tantôt plié sur l'épaule, tantôt roulé autour du corps, tantôt ramené sur leur tête ordinairement nue, pour tenir lieu de parapluie, d'ombrelle et de chapeau. Que si par hasard ils ont le chef couvert, c'est d'un long bonnet noir retombant sur l'oreille, à la manière des lazzarone. — Dans cette petite ville de 15,000 habitants, ils comptent pour deux mille environ; aussi les trouve-t-on partout, par petits groupes, assis pittoresquement sur la margelle des fontaines, sur les marches des églises, sur l'appui des terrasses, ou bien arpentant les rues, les galeries et les places, fumant, lisant, discutant, beaux fils pour la plupart, et d'une physionomie à la fois énergique, intelligente et bienveillante. Belle et bonne race. L'un d'eux, qui est provisoirement détaché de l'armée, nous a servi de truchement de la façon la plus gracieuse.

Les cours commencent à six heures du matin : on en a jusqu'à trois par jour et si, dans l'année, on y a manqué quatre fois, sans excuse valable, il faut refaire un an de plus. Coïmbra ne ressemble guère, sous ce rapport, n'est-ce pas, à certaines de nos Écoles de Droit.

On nous a fait visiter d'abord la bibliothèque également riche de livres et d'aménagements : trois larges nefs, dorées et sculptées, avec de beaux plafonds à allégories; et des rayons tout autour où les vieilles éditions françaises se trouvent en majorité. Le français est en effet d'une étude obligatoire pour toute cette jeunesse, et beaucoup le parlent assez couramment. — Ensuite, les salles du conseil, des grandes séances publiques, décorées des mauvais mais imposants portraits de tous les rois lusitaniens, les salles de cours, bien tenues, et dont les lambris sont parés de faïences, enfin la chapelle, dédiée à Saint-Jacques et qui est plus brillante que distinguée. Des terrasses supérieures l'œil parcourt une étendue de pays arrosée par le *Mondego*. Ce ne sont que petites montagnes verdoyantes et vallées fertiles, avec la ville en bas et le ruban d'argent du fleuve qui s'enfuit vers la mer visible à l'horizon. Ce paysage est de toute beauté.

La nouvelle cathédrale vaste, mais relativement jeune, a pour mérite principal de compléter une place charmante que bordent des autres côtés un grand palais rouge, des fontaines ombragées de saules pleureurs et d'anciennes maisons coupées de rampes effrayantes par où l'on glisse à la ville basse. L'ancienne cathédrale, *la Se Velha*, est au contraire un morceau de prix : d'un roman très pur dans son gros œuvre, elle a reçu des plaquages extérieurs à la bonne époque de la Renaissance, des portes, des galeries, etc. La teinte générale de ses façades est superbe; le grand porche a du style, et dans le coin d'un contrefort se voit un curieux sarcophage, porté sur deux piliers et recouvert d'inscriptions gothiques. A l'intérieur, que nous avons réussi à visiter, non sans peine et en passant par les sacristies, on trouve des vestiges arabes, de beaux plafonds en caissons géométriques, des chapelles très ornées, un retable en marbre blanc superbe et quelques tableaux; mais ce sont surtout les faïences qui en font l'ornement inattendu. En effet, on en a revêtu non pas seulement les parois jusqu'à la hauteur de quatre ou cinq mètres, mais aussi les piliers dont les trois nefs sont séparées : cela produit, comme vous le pouvez croire, un effet très brillant et très nouveau.

Même richesse d'azulejos à *Santa Cruz*, que nous atteignons péniblement au travers des casse-cou qualifiés de *rues* par la municipalité coïmbraise: vieux tombeaux des deux premiers rois, tribune magnifique, sacristie idem, et après maint détour dans de petites cours et de petits escaliers, chapelle elliptique toute remplie de précieux reliquaires, où les saints ossements se comptent par milliers. J'y ai remarqué sur l'autel cinq ou six statuettes en bois peint d'une surprenante finesse.

On suit la grande rue, on franchit le Mondego sur un pont dont les chaussées sont bordées de rosiers pompon, et meublées de bancs confortables, on tourne à gauche dans les champs en laissant à droite le couvent de *Santa Clara*, et l'on arrive à *la quinta das lagrimas*, où commencèrent dans l'azur et finirent dans le sang les touchantes amours d'Inez de Castro. Du logis rien à dire : habillé, transformé à la moderne, ou de construction récente, il n'est en tout cas qu'une maison de mauvais goût. Les jardins sont mal dessinés et agrémentés de vieilles charmilles d'ifs qui ont pu voir passer la charmante princesse. Mais voici la fontaine, *la fonte dos amores*, vaste bassin ombragé de cèdres quatre ou cinq fois séculaires, ombre qu'Inez a certainement goûtée, ondes qui portaient à son amant les plus chers billets de sa tendresse, et déjouaient ainsi une surveillance jalouse. C'est là, c'est au bord de cette source, que devenue enfin la femme de dom Pedro, elle fut odieusement massacrée par deux courtisans ennemis de sa douce influence, et les dalles que les eaux baignent sont encore rougies de ce meurtre et ses longs cheveux blonds s'y voient encore gracieusement soulevés par le courant. — Ce ne sont peut-être après tout que des herbes.

Cependant l'heure du train approche. Nous retraversons Coïmbre aux cent palais, Coïmbre dont chaque demeure, ou peu s'en faut, porte à son fronton un vieil et puissant écusson, de loin nous donnons un dernier regard à son amphithéâtre coloré et réjouissant et nous nous enfonçons dans la nuit pour nous réveiller le lendemain en Espagne!

Quel changement, quelle antithèse! Je n'aperçois, en ouvrant les yeux, qu'immenses plaines dénudées, arides, inhabitées, désolées; de loin en loin, un berger, à demi sauvage, rassemble à notre passage ses innombrables moutons; dans le fond de hautes montagnes, rouges, violettes et pelées. Au lever du jour c'était splendide, c'est encore grand à midi, mais triste au possible, et cela dure tout le jour et toute la nuit encore, et c'est encore plus aride et plus triste au matin suivant, quand nous approchons de la capitale des Espagnes.

Nous y sommes présentement depuis six jours et j'y resterais volontiers davantage. La rue de Madrid est gaie, animée, bruyante, amusante autant et plus qu'aucune autre; la *Puerta del Sol*, où nous logeons, est un carrefour aussi vivant à deux heures du matin qu'à midi; le parc est une charmante promenade où l'on peut voir chaque jour de nombreux et fringants équipages; le *Prado* chanté par Musset ne sert plus qu'aux bonnes d'enfants; *los Recoletos* sont très suivis vers quatre heures, il y a de nouveaux quartiers élégamment bâtis; le palais du roi est une grandiose demeure, pas folâtre et nous en avons visité avec intérêt les selleries, les écuries et les remises. Une vingtaine de magnifiques voitures s'y trouvent réunies dont les plus anciennes ne remontent guère qu'à la fin du dernier siècle, dont les meilleures datent de l'Empire et dont l'une surtout, présent de Napoléon à Ferdinand VI, m'a paru tout à fait remarquable.

Mais le musée, quelle merveille, quelle collection invraisemblable de chefs-d'œuvre! j'y suis allé quatre fois; on y voudrait retourner sans cesse et n'en sortir jamais. Il y a là une trentaine de toiles pour lesquelles on serait bien près de vendre sa petite âme au diable. Je vous en épargnerai l'énumération et la description et dirai seulement que MM. Velasquez, Ribera et Murillo en font les principaux frais. Le premier a sa *Reddition de Breda* et ses *Fileuses*; de Ribera son *Martyr de san Bartholome* et son *Saint André*; de Murillo son *Saint Jean* et les divins *Enfants à la Coquille* (*à la Concha*). Puis il y a Van Dick avec des portraits merveilleux, entre autres un *Comte de Bergh!* Titien avec un *Charles-Quint* à cheval de rude allure; Raphaël avec nombre de morceaux importants mais qui, à l'exception de sa *Visitation*, m'ont laissé froid; Rubens se chiffre par centaines; on ne savait qu'en faire et on en a mis sur tous les murs à contre-jour; je glisse sur les Teniers, les Breughel, les petits Flamands et les Hollandais de toutes formes; pas un d'eux pourtant qui n'ait son mérite, mais la splendeur des grands les tue. Je veux me borner et conclure : c'est une galerie admirable.

Nous allons, dans une demi-heure, visiter celle de San Fernando et acheter sans doute quelques reproductions à la Calcographie royale.

Pas d'église à Madrid qui vaille une ligne; pas de cathédrale même, car Madrid dépend religieusement de l'archevêché de Tolède.

Tolède, nous y avons passé notre journée d'hier : oh! la ville étrange et saisissante, sur son rocher qu'enserre le Tage! On entre par deux ponts audacieux et défendus de portes formidables avec les grands écussons d'Autriche pour tout ornement (on ne se figure pas, sans l'avoir vu, l'heureux et pittoresque abus qu'on a fait, sous Charles-Quint et sous son fils, des hautes armoiries plaquées en tout lieu; il n'est rien de plus décoratif). On monte des rampes difficiles; ce ne sont partout que vieilles fortifications; la rive opposée, au delà du Tage, en est tout hérissée; ce ne sont que tours, poternes, défenses; voici *la Puerta del Sol*, *la Puerta de Visagra*, *la Puerta del Cambron*; et partout des ruines de palais, celui des Rois Goths, l'Alcazar et le dédale des rues en pente ou en escalier, et les maisons gothiques, et les antiques mosquées, *Santa Maria la Blanca*, *Christo de la Luz* où les rois, avant tout autre visite, doivent se rendre dès leur entrée à Tolède; et la cathédrale enfin, moins importante que celle de Séville, mais bien magnifique encore; et riche en belles chapelles pleines de tombeaux, en belles portes aux fines sculptures, riche par son superbe retable, par les délicatesses de son coro, où les colonnettes de marbre se marient si parfaitement avec le fouillé des stalles; la cathédrale avec son trésor dont la garde est confiée à six chanoines détenteurs de six clefs différentes; avec sa sacristie dont la voûte a été peinte par Luca Giordano; avec sa salle capitulaire aux délicieux panneaux de bois; avec sa chapelle mozarabe où le rite de la primitive église se perpétue par un privilège unique au monde; avec sa pierre miraculeuse sur laquelle la Vierge mit le pied, quand elle apporta la chasuble à saint Ildefonse; avec sa tour parée d'ardoise et de marbre; et son portail sur la gracieuse place de l'archevêché; en face d'un hôtel-de-ville de la plus élégante renaissance, que de choses, que de souvenirs entassés en quelques heures? Je ne sais comment je n'en ai pas la cervelle à l'envers.

Tolède est plein de petites places, larges comme mon mouchoir, proprettes, plantées de quelques acacias malingres et rafraîchies d'une fontaine. C'est un spécimen achevé de la ville militaire du moyen âge :

considérée, sous de certains angles et à de certaines heures, des quatre points cardinaux, c'est une mine inépuisable de silhouettes étourdissantes.

Les aimables Alfred et Maurice W... nous ont mené dimanche, Henry et moi, à la course de Taureaux; j'y ai pris le même intérêt passionnant qu'à Séville, encore que les spadas furent médiocres; car tous les bons ont été plus ou moins grièvement blessés depuis quinze jours, et il faut se contenter de doublures qui s'y reprennent à plusieurs fois pour donner la mort. Mais je ne suis pas assez *aficionado* pour être très exigeant et me suis déclaré content. Beaucoup de chevaux tués; beaucoup de beau monde aux loges; nous étions dans celle de Mme W... avec une délicieuse jeune Madrilène et le ministre de l'Intérieur. Le Roi et l'Infante Isabel étaient présents, qui pointaient soigneusement sur leur *carta* chaque estocade, chaque banderilla, et chaque coup de corne.

Le dit ministre me contait ce détail très particulier qu'Alphonse XII est à coup sûr le premier orateur d'Espagne : sa facilité, son éloquence, sa puissance, sa puissance oratoire sont extrêmes; il s'y laisse volontiers aller, le plus souvent sans préparation; et à chaque discours qu'il doit faire, ses conseillers sont dans les transes, car le libéralisme de S. M. aidant, ils peuvent toujours craindre qu'Elle n'aille un peu trop loin. Ce don de parole est chose rare chez le souverain : il me semble que Henri III fut peut-être chez nous le seul à le posséder.

Je pars demain matin pour l'*Escorial*, *Avila*, qu'il était superflu de me recommander, *Zamora* et *Salamanque*. Henry répugne aux deux nuits blanches nécessitées par ces deux dernières villes; il ne quittera Madrid que samedi et me retrouvera à Burgos. Il fait mon bonheur avec les combats de taureaux : quand il y est, il ne s'en peut détacher; après il en dit pis que pendre : c'est une horreur, c'est répugnant, c'est de la boucherie, c'est de l'équarrissage, etc., etc. Je lui ai dit qu'il était comme ces bonnes fourchettes, dont la digestion est difficile et qui conspuent au lendemain les mets qu'ils ont le mieux fêtés la veille. — Fait mes adieux aux amis lillois qui prolongent leur séjour.

Zamora, dimanche 30 avril.

Quel papier, chère amie ! C'est le *papel* de l'Hôtel le plus élégant de *Zamora* et l'enveloppe qu'on me vient d'apporter est plus réussie encore : couleur orange briqueté et forme sans pareille. Je ne sais si je résisterai à l'envie de vous l'envoyer ; l'air important et satisfait de Mlle Pepa en me la remettant disait assez qu'il ne se connait rien de mieux ici et je me suis bien gardé d'en rire. Au surplus cela vous arrivera tout comme du Turkey Mill.

Elle est très jolie, Mlle Pepa, et n'est pas seule de son espèce ; à Zamora le sang est beau, les yeux et les dents sont superbes et la tournure redevient andalouse. Le *Tribut* avait ainsi parfaitement sa raison d'être ; mais si les femmes du crû sont restées agréables depuis le farouche Almanzour, les posadas sont également demeurées ce qu'elles étaient en ces temps de haute galanterie, et j'imagine que la mienne a dû plus d'une fois héberger telle quelle les fondés de pouvoir du bon Kalife.

Je n'ai point, par bonheur, à y coucher ; je suis arrivé ce matin à six heures, je repars à six heures ce soir ; et j'en serai quitte pour deux exécrables repas qui n'auront pas été les premiers de l'espèce, depuis surtout que j'ai quitté Madrid, depuis que je navigue en Nouvelle et en Vieille-Castille, le niveau du confort a terriblement baissé. Mais bast ! c'est bientôt la fin et puis c'est pour moi chose si secondaire de mal manger ! Sur le chapitre literie, je suis plus exigeant.

Donc, depuis jeudi matin, je manœuvre à l'isolée, je vole de mes propres ailes et je ne me suis point mal trouvé de cette parenthèse indépendante. — La veille, j'avais complété mes courses dans Madrid par la visite de l'Académie San Fernando qui possède de beaux Murillo, l'*Ascension*, les *medias naranjas* de la *Fondation de Sainte-Marie Majeure*, mais surtout la *Sainte-Elisabeth de Hongrie pansant les teigneux ;* en face de cette toile célèbre je m'étais remémoré le *Saint-Thomas de Villeneuve* de Séville, qui reste pour moi hors de pair, et classant entre eux à mon goût tous les peintres que je connais un peu, j'étais venu à cette conclusion que Murillo pourrait bien être le plus grand, étant très supérieur à tous en charme et en expression ; Van Dyck viendrait ensuite et puis, à peu près *ex æquo*, Raphaël, Velasquez et Ribera ; tout près d'eux Rembrandt, Zurbaran et Titien : au-dessous encore Rubens et puis les autres. Naturellement je ne prends pour base de ce verdict audacieux que le plaisir qu'ils me causent et les sensations qu'ils me donnent. C'est bien, je pense, un peu mon droit !

Je ne sais plus si je vous ai parlé avec quelque détail des danses espagnoles que nous avons pu voir ; j'en doute et je veux vous en toucher deux mots, parce que certaines d'entre elles ont un cachet assez particulier.

Nous fûmes un soir à Séville dans une *Academia de bayle* où huit ou dix jeunes personnes et trois ou quatre hommes, appuyés par une guitare et des castagnettes, nous firent, deux heures durant, dans une grande salle assez propre, passer en revue toute la série des pas andalous, saragossais, catalans, etc. Il y en avait beaucoup de piquants, de pimpants et d'élégants, et au total ce n'était point mal dansé, mais ces ballerines, sauf deux, avaient eu le tort grave de se vêtir de maillots chair et de *tutus*, en sorte que la couleur locale n'était guère représentée que par leurs cavaliers : extrémité regrettable.

Ce qui me charme dans ces danses, c'est particulièrement la façon leste, imprévue, en quelque sorte à contre-temps, dont elles sont toujours engagées, et la mesure parfaite, avec la pose triomphante qui les terminent.

A Séville aussi, à Tanger chez les juives et enfin à Madrid, nous avons également rencontré la danse bohémienne, qui est beaucoup moins jolie mais incontestablement plus curieuse. Le caractère en est hiératique en quelque sorte, et il semble que la danseuse, — je ne l'ai vu danser par un homme qu'une seule fois — accomplisse comme le rite bizarre d'un culte caché.

La mise en scène est invariablement la même : contre le mur d'une salle de café s'élève une estrade plus ou moins longue et large, suivant le nombre des figurants de l'un et l'autre sexe. Tous sont assis en demi-cercle; au milieu le guitariste ; près de lui vient à son tour celui des hommes qui va chanter ; un seul à la fois. Quelques accords indécis et voilés servent de prélude : la troupe entière frappe de la main droite dans le creux de la gauche, selon une cadence rompue très singulière ; tout à coup une manière de plainte sourdement aiguë, pleine d'appogiatures, de trémolos de vibrations et d'éclats suivis de *bouche fermée*, éclate sans rythme perceptible, sans paroles compréhensibles, et s'éteint après quelques minutes pour recommencer bientôt de même. L'artiste est en veste, chemise sans col ni cravate, tête rase ; il tient à la main une petite baguette dont il frappe les barreaux de sa chaise, pour se marquer sans doute à lui-même la mesure ; il a l'air très grave, très sérieux, sacerdotal ; son plus grand art consiste à prendre au début le plus de respiration possible et à tenir la phrase aussi longtemps que faire se peut. Quand il atteint ainsi à des durées de tenue extraordinaires, les comparses de l'estrade s'exclament en un *holé* strident. — Et toutes les strophes semblent identiques, et cinq ou six fois le même virtuose les répète, et plusieurs chanteurs viennent ainsi solennellement s'asseoir et moduler à la place.

Mais ce n'est là que l'entraînement : il faut croire que cette musique a le don de remuer profondément l'assistance en apparence impassible et surtout les danseuses en apparence endormies. L'une d'elle a surgi, comme poussée par un ressort ; elle est toujours vêtue d'une longue robe à queue en percale claire à ramages, avec un petit châle à longues franges et une fleur au chignon. La voilà déjà qui piétine sur place, avançant et reculant à petits pas, et frappant du talon le plancher de coups secs, rapides et très détachés : ceci est le criterium du talent. Par instants, elle fait une fois ou deux le tour de l'estrade; son déhanchement est accusé sans être choquant, mais elle semble se tasser sur les hanches et sur les genoux, et tout cela est accompagné d'un exercice réglé des deux mains qui, l'une après l'autre, montent avec lenteur au visage, en se retournant et crispant les doigts, puis descendant doucement vers les reins pour saisir et soulever un moment l'étoffe de la jupe. Ce mouvement giratoire dure aussi longtemps que la fonction elle-même ; chaque danse est d'un quart d'heure environ ; il s'y trouve à la vérité plusieurs figures mais leurs analogies sont telles qu'aux premières fois elles passent inaperçues.

Ici encore la caractéristique est une gravité voisine de la souffrance et de l'extase, et qui fixe, pour ainsi dire, le masque de la danseuse : pas un regard, pas un sourire pour les assistants, même quand ils applaudissent ; pas un geste non plus qui ne soit réglé par la tradition la plus respectée : elle ne s'en écarte en rien, elle n'improvise absolument rien : c'est partout la même chorégraphie et il y a, comme je le disais, dans cette solennité, dans cette immutabilité, quelque chose de religieux qui étonne et qui finit par impressionner.

J'ai vu cela vingt fois : c'est ennuyeux; on se dit: « Mais c'est donc toujours la même chose; » et malgré soi on reste et l'on regarde de tous ses yeux : et il faut que ce magnétisme soit bien réel puisque les établissements où cela se voit, sont constamment pleins d'un public immobile, muet, hypnotisé, qui attend patiemment dans les entr'actes, parfois longs, qui ne demande jamais qu'on change et qui ajoute encore par son sérieux et sa conviction à l'étrangeté du spectacle.

Ma première étape après Madrid a été l'*Escorial*, ce triste Panthéon des Rois d'Espagne, qu'on a appelé pompeusement « la septième merveille du monde ». C'est grand ; oui, pour être grand, c'est grand ! pensez donc : un palais, une église considérable, un collège, un couvent, tout cela dans la même enceinte ! Tout d'abord on ne dirait pas que la chose ait une telle ampleur ; il faut en parcourir tous les couloirs, toutes les galeries, toutes les salles ; il faut voir successivement les appartements royaux garnis de tapisseries dont Van Loo, Teniers et Goya ont donné les dessins ; la bibliothèque, les manuscrits, le musée ; il faut pénétrer dans le logis sombre et glacé où Philippe II passa ses dernières années ; il faut entrer dans l'alcôve sépulcrale où il s'éteignait et d'où par l'ouverture d'un volet il avait si souvent suivi le prêtre à l'autel de la grande église ; il faut descendre dans cette crypte trop riche pour être majestueuse, où dans vingt cases superposées, quatre par quatre, sommeillent, rois à gauche et reines à droite, les prédécesseurs d'Alphonse XII, à commencer par Charles-Quint ; il faut considérer cette immense plaine, aride et déserte, les montagnes raides, grises et nues qui encadrent ce palais ; il faut se dire enfin que tout cela fut conçu, voulu et exécuté à la mesure d'un roi d'autrefois, pour bien comprendre l'Escorial, et si la pensée s'en va vers ce gentil prince épanoui qui la cigarette aux dents et les gants perle aux mains, siffle ou crie d'aise aux toros, on est contraint de reconnaître que la trempe des monarques contemporains n'est plus tout à fait la même ! — On montre, dans la chambre ascétique de Philippe, le bureau, le fauteuil dont il se servait et aussi deux chaises basses où s'étendaient ses pauvres jambes, travaillées par la goutte. — La petite reine Mercédès, qui mourut l'autre année sans postérité, n'a pas droit à la crypte et repose dans une chapelle de l'Église : les autres reines sans enfants sont comme elle ; mais on leur prépare à toutes une sépulture spéciale. On y mettra du marbre et de l'or : combien est plus touchante la simplicité des tombes portugaises, à Saint-Vincent ?

Peu s'en est fallu que je visse Charles-Quint face à face. On le découvre, paraît-il, quand vient quelque personnage d'importance. Le Prince de Galles le vit il y a cinq ans et l'on m'a dit qu'on en va faire la cérémonie pour le Comte de Flandre actuellement à Madrid. Singulière *attraction*, n'est-il pas vrai, que le squelette de ce grand Empereur? — « Et qu'avons-nous encore à voir ici? — Mais il y a Charles-

Quint. — Eh! bien, allons voir Charles-Quint. » — Et la pierre de son tombeau roule sur d'ingénieux galets.

Le jardin de l'Escorial n'est rien qu'un parterre de buis à la Versailles. En bas, car le palais est, sans qu'il y paraisse, haut perché, en bas s'étend un parc de création assez récente où se trouve la *Casita del Principe*, petit, tout petit château, inhabité et inhabitable et rempli cependant de tentures et de meubles Louis XVI vraiment exquis. Il y a là des tons, des étoffes, des garnitures à ravir les amateurs; j'en ai retenu un certain damas vert purée avec un brochage jaunâtre et la bordure groseille brochée de blanc, qui sont un assemblage charmant. Pas mal de portraits de famille: entre autres un bon Ferdinand IV ou VI quelconque, vu de dos, très ressemblant.

Le soir du même jour, je couchai à *Avila;* je devrais ajouter *par miracle*, car toutes les chambres de l'unique hôtel, et quel hôtel! étaient occupées, et il a fallu ma mine déconfite pour attendrir la fille de l'aubergiste, qui m'a cédé son lit dans l'alcôve du salon de famille. Je l'ai vue, la charitable fille, emportant un matelas pour elle, où? Toujours est-il que j'ai bien dormi.

Avila, très curieuse; je m'y suis arrêté pour faire plaisir à H., et à moi aussi. Belle église, pleine de tombeaux, rues pittoresques, maisons sombres, maint et maint vieux palais féodal, crénelé, armorié de la base au faîte; partout des façades tabac d'Espagne, sculptées, tirant l'œil, attachantes; la demeure de Pedro d'Avila, les anciennes murailles, les vieilles portes, une certaine école d'administration militaire installée dans un patio de la plus jolie renaissance; des églises gothiques comme s'il en pleuvait, le couvent de Sainte-Thérèse bâti sur le lieu de sa naissance, l'*Incarnacion* où la pieuse ascète prit le voile, la cathédrale dont le chœur forme un des châteaux de l'enceinte fortifiée; les grandes et nombreuses tours qui faisaient sa défense; la précieuse église de San Domingo dans le faubourg, et ceci et cela, et, par-dessus le marché, une affluence considérable de paysans de toutes couleurs attirés par la foire! Ah! j'ai passé là une forte matinée.

Il y a plus de costumes dans les Castilles et des costumes plus brillants que nulle autre part en Espagne; on s'y croirait à Porto. Les femmes y sont vêtues exclusivement de jaune, de rouge et de vert; il semble que, pour ces dames, l'arc-en-ciel n'ait pas encore été inventé. Leur coiffure est plus originale que seyante: deux gros macarons de cheveux nattés sont collés à chaque oreille et un foulard se noue autour du front; elles portent l'une sur l'autre plusieurs jupes de molleton épais, ce qui tendrait à faire croire que la température n'est pas clémente dans la vieille Castille, et de fait, malgré le soleil qui brille, je n'ai pas, depuis que j'y suis, quitté une seconde mon pardessus d'hiver. Cela s'explique de reste, car d'un côté le *Guadarrama* est tout proche avec ses neiges, et ce ne sont de l'autre que vastes plaines sans arbres où le vent court tout à son aise. Ces femmes se relèvent la première de leurs jupes, tantôt sur les épaules, tantôt même jusque sur la tête; manteau et parapluie économique. Les hommes sont couverts de bure et de cuir : longues guêtres mal lacées et laissant voir les bas blancs, cuissards de cuir, immense ceinture de même qui bâille sur le ventre et fait office de poche à tout mettre; énormément de cachet de crânerie, ces montagnards ; un milieu à souhait pour l'artiste.

Avila mérite une très bonne note. De la gare, ou pour mieux dire de la voie ferrée, elle montre un beau flanc de trente-deux tours, dominées par la massive cathédrale et de nombreux clochers qui forment un ensemble superbe.

Ma journée s'est achevée au travers des rues curieuses de *Medina del Campo*. L'Espagne est fertile en surprises. Mon guide, très mal fait d'ailleurs, ne soufflait mot de cette petite ville où je ne m'arrêtais que pour obéir aux caprices de la Compagnie du Nord, et j'ai trouvé là des rues, des places toutes garnies d'arcades en bois du plus pittoresque effet, des maisons pleines de style, riches en sculptures, en ferronnerie, en détails intéressants, plus un vieux château bâti par Ferdinand et Isabel qui vaudrait à lui seul un arrêt. Immense enceinte, murs de dix mètres d'épaisseur, galeries souterraines, tours, logettes, beffroi colossal, le tout fait de briques, sans un moellon et d'une conservation admirable dans tout ce que l'homme n'a pas touché. Mais quel site désolé!

La découverte d'un palais a couronné mon vagabondage. A l'extrémité d'un faubourg, certaine façade m'attirait sans que je susse au juste pourquoi : je pénètre d'abord dans un long vestibule sombre dont les plafonds historiés feraient mourir de honte les boiseries les plus vantées, puis je me trouve dans un patio à deux rangs d'arcades, avec une fontaine au milieu et deux escaliers comme il n'y en a point à Florence, aussi fins que le François Ier de Blois, et d'une richesse! J'arrête un jeune écolier qui monte à l'étage supérieur, ses livres sous le bras ; j'interroge les servantes, je consulte le voisinage : personne ne sait rien de cette merveille. A la fin cependant, un vieux croit se rappeler qu'on la nommait jadis le *Palais des quatre Tours*, et que les Reines y logeaient. Il m'a fallu me contenter de cela.

Pour aller à *Salamanca* et à *Zamora*, j'ai dû passer trois nuits de suite à peu près blanches, puisque j'ai sommeillé les deux premières, jusqu'à quatre heures du matin au buffet de la gare, et que je ne me suis, la troisième, couché qu'à cinq heures. Rien de plus fréquent dans cet adorable pays que des trains *uniques* partant ainsi à des heures invraisemblables. Un train par jour, dans chaque sens, cela suffit à ce peuple peu circulant et l'heure n'importe guère. Peut-être le font-ils exprès d'ailleurs pour décourager les curieux.

Toujours est-il que Salamanca vaut, et bien au delà, toute la peine qu'on doit prendre pour y venir. J'ai *claqué*, à la lettre, depuis le matin jusqu'à la nuit, ahuri de tant de beautés, effaré d'un tel excès de saveur architecturale. En aucun lieu je n'ai rencontré jamais une semblable accumulation de palais, d'églises, de façades ravissantes, de monuments surprenants : les deux cathédrales, l'Université, les deux Universités, pour être plus vrai, le collège des Jésuites, le collège irlandais, les séminaires, vingt demeures seigneuriales, si ce n'est quarante, deux cents maisons à pamoison, un grand vieux pont, et sur le tout cette couleur que je n'ai vue qu'à Pœstum, et des costumes dans les rues, en veux-tu en voilà, je vous répète, c'est une ville abasourdissante, un vrai bouquet par où je suis enchanté de finir.

De Zamora, je ne vous dirai rien aujourd'hui, sinon qu'elle est charmante à elle seule, mais que Salamanque lui a fait un peu de tort.

C'est à Burgos que j'achève cette lettre. Je pense vous écrire encore de Saint-Sébastien...

Miranda de Ebro.

Noche del 2 al 3 de Mayo.

Nous sommes, chère amie, d'épave à Miranda pour quelques heures, toujours les bonnes concordances espagnoles ; à sept heures, nous descendions du train de Bilbao, et il nous faut attendre jusqu'à deux heures de nuit celui qui nous mettra demain matin à Saint-Sébastien. J'en profite pour commencer une lettre qui pourra bien être la dernière du genre, car je ne vous écrirai plus ensuite que pour vous fixer le moment de mon retour. Je pense toujours que ce sera lundi, si d'ici là je ne manque aucun coche; car j'ai l'intention de faire et de voir encore pas mal de choses en ces quatre jours...

Je vous ai dépeint Salamanque un peu succinctement; on se fatigue à la longue des descriptions. C'est pourtant une ville bien faite pour inspirer des volumes. Tout ce que j'y ai vu me danse la gigue à cette heure devant les yeux, et il faudra du temps pour que cela se classe. Vous ai-je dit un mot seulement de l'admirable couvent qu'y occupent les Dominicains, tous Français, tous expulsés? San Domingo, avec sa superbe église, son cloître, sa sacristie, sa bibliothèque, etc., doit être la plus riche maison que l'Ordre possède au monde. J'y ai vu la messe dite par les Pères et un défilé intéressant de toute la communauté venant recevoir du buis bénit, le samedi 20 avril! qu'est-ce que cela pouvait bien signifier? J'y ai remarqué, et ailleurs aussi, que le prêtre se rendant de la sacristie à l'autel pour la messe, tenait à deux mains un petit crucifix qu'il ne quittait pas des yeux.

Vous ai-je conté ma longue visite à l'*Arzobispo*, autrement dit au collège des nobles Irlandais, somptueux établissement d'où l'œil embrasse toute la ville, et qui m'a été très gentiment montré par l'un des élèves dans ses moindres détails. C'est une fondation faite par un prélat originaire de la verte Erin; on y est admis après examen, pour cinq ans; on y porte la soutane noire avec un trèfle à quatre feuilles violet sur la poitrine; on n'est point engagé pour cela à suivre la carrière ecclésiastique et je n'ai pas compris beaucoup le sens ni l'objet de cette colonisation un peu inattendue.

Zamora est une ville très ancienne et très pittoresque, avec une cathédrale romane bien campée sur la pointe du rocher, avec nombre de vieilles demeures et des rues en escalier fort agréables à dessiner. Quant aux Zamoriennes, elles s'enveloppent le buste d'une sorte d'écharpe noire et rouge en gros tissu de laine fort rigide, qui leur monte plus haut que le chignon et leur donne, vues de dos, la tournure idéale de la femme sans tête. J'y ai passé mon dimanche, et le matin dans une église, je vis avec un certain étonnement, après la communion, le sacristain offrir un grand verre plein d'eau à tous les communiants qui y trempaient leurs lèvres à tour de rôle sans dégoût apparent. Hein ! ma belle mère !

Comme de raison, ma première visite à *Burgos* a été pour la cathédrale. Je l'ai trouvée belle, incontestablement, mais trop chargée d'ornements et d'ornements pas très fins; et j'ai pensé, sans le vouloir, à l'Opéra de M. Garnier. *La Capilla* du *Velasco* m'a été plus sympathique; les tombeaux du connétable et de sa femme ont grand caractère; les stalles, le retable sont riches et de haut style ; la sacristie renferme des ornements, des orfèvreries précieuses et une Madeleine remarquable de Leonardo da Vinci ; au milieu de la nef un immense bloc d'un fort beau marbre rouge, qui ferait mieux d'être ailleurs. Le tout est la propriété absolue du duc de Frias, descendant de Velasco, il est le maître de cette chapelle, il y a son gardien, il la pourrait démolir si la fantaisie l'en prenait ! Et pourtant cela fait partie intégrante de la cathédrale ! Drôle de chose ! Les Frias ne s'y font pas sépulturer : on y apporte seulement leurs cœurs. Le cœur actuel bat à Biarritz, au lieu d'habiter le superbe palais de son ancêtre, cette *Casa del Cordon* (ainsi nommée d'un gros câble de pierre qui en décore la façade, et qui est louée, je crois, au capitaine général), drôles de gens !

Dans la cathédrale, mainte autre chapelle d'importance : celle de *San Iago* sert d'église paroissiale ; celle de *Santa Tecla* présente une voûte en coupole assez particulière ; il s'y trouve aussi des tombeaux partout ; il y a un cloître de second ordre ; mais les grandes portes sont belles, et, considéré de loin ou contemplé du haut de la place à droite en face du portail, ce vaste temple, pourvu de deux flèches à jour et de deux dômes hérissés de clochetons, produit un effet considérable.

En dehors de cela, pas grand'chose à Burgos même, que de jolies promenades aux bords de l'*Arlançon*. L'une d'elles conduit à la *Cartuja de Miraflores* où se voient, dans une chapelle d'un gothique très pur, trois tombeaux d'albâtre d'une indescriptible perfection : ce ne sont que dentelles, rinceaux, animaux, emblèmes, nielles, etc., d'un achevé, d'une exécution extraordinaire, sans que l'ensemble ait à en souffrir ; l'architecture, tout au contraire, s'en détache bien, originalement et agréablement. Là sont ensevelis Juan II, sa femme et leur fils, et c'est sous couleur de les garder, que les chartreux, après un long exode, ont été récemment autorisés à revenir.

Elle m'a paru très charmante, cette promenade de trois heures, par des allées de peupliers et de hêtres : après deux mois d'Espagne, j'étais déshabitué de marcher à l'ombre. De jolis ruisseaux courent de droite et de gauche au travers du gazon et l'on aperçoit les régiments de lavandières qui émaillent les grèves de la rivière voisine.

On s'en va ainsi, presque sans s'en apercevoir, jusqu'au célèbre monastère de *Las Huelgas Reales*, en français : des *Plaisirs royaux*. Mais honny soit qui mal y pense, car la cour avait là jadis un pavillon d'agrément et ce fut Alfonso VIII qui, vainqueur des Maures à *Las Navas de Tolosa*, ordonna, par reconnaissance, de bâtir un couvent en ce lieu. La pieuse retraite m'en a conservé le nom légèrement compromettant.

Ce sont toutes filles de haute noblesse, ces vingt-quatre nonnes de *las Huelgas*. Elles gardent la clôture, mais on peut les voir et leur parler à travers la grille par où leur chœur communique avec l'église. J'y suis arrivé à la fin des vêpres et j'en ai contemplé une douzaine : costume bizarre; le capuchon fait comme une corne au-dessus du front. Le chœur est fort somptueux; vingt ou trente cercueils de princes et d'infantes, plus celui d'Alphonse le Sage, y sont rangés sur deux files et couverts de magnifiques étoffes. De belles stalles, de précieuses tentures brodées à personnages, rouge sur blanc; dans l'église, d'autres tapisseries vertes d'un bon style, m'ont, avec les sarcophages du narthex, amplement payé de ma course et je m'en suis revenu par les rampes de la citadelle.

Henry m'a rejoint : ensemble le matin, avant le déjeuner, nous sommes allés saluer sur son lit de parade, dans son palais bien piètrement meublé, Mgr l'Évêque de Burgos, mort de la veille et puis nous avons pris la direction de *Bilbao*.

Quelle route! un enchantement et un tour de force! La voie s'élève de lacets en lacets jusqu'à sept cents mètres environ, au travers des plus ravissantes vallées qui soient, et redescend en Biscaye, pays plus ravissant encore! On tourne pendant des heures autour du même clocher de la même petite ville, qu'on aperçoit là en bas, bien bas sous ses pieds; on entre par une gorge étroite dans un cirque immense de rochers, dont on fait tout le tour, soit seize kilomètres environ, et l'on en ressort par la même coupure, seulement à deux ou trois cents mètres plus bas; sur certains points il y a des rampes de quinze et seize pour cent; c'est phénoménal, et nullement dangereux parce que la marche est lente. Après quoi, bordant une rivière délicieuse entre deux chaînes de montagnes tourmentées, on arrive enchanté à Bilbao qui n'est pas moins joli que le reste. Justement nous l'avons trouvé en liesse et paré à tous ses balcons de draperies, de tentures, de lanternes et autres marques d'une allégresse exubérante. C'était l'anniversaire de la levée du siège par les Carlistes! Sur une promenade plantée de beaux arbres, peuple et bourgeois dansaient gravement et longuement. Oncques ne vis valses plus prolongées. Cette fête nous était d'une rencontre agréable et nous a fait passer gaiement notre soirée.

Nous sommes allés ce matin à *Portugalete* qui joue, à onze kilomètres de Bilbao, le rôle de Saint-Nazaire à l'égard de Nantes. Deux tramways circulent sur les deux rives du *Nervion;* on va par l'un, on revient par l'autre. Une vie, une activité extrêmes, des bâtisses pimpantes et coquettes, une végétation luxuriante, des navires par centaines, ancrés dans ce petit estuaire en zig-zag; à Portugalete, à *Arenas*, des chalets de bains de mer, des hôtels de bonne apparence, partout des wagons et wagonnets portant le minerai aux steamers d'Albion, qu'on retrouve à tous les bons gisements; en un mot c'est un petit coin de terre qui nous a charmé comme avait fait Porto, mais qui est plus riant, plus intime, plus sympathique encore, s'il se peut.

Bilbao étant très resserré entre sa rivière et les montagnes, ses maisons sont fort élevées, avec des serros très fringants. Les femmes, jolies, conservent presque toutes la mantille : celles du peuple ont dans le dos des nattes de cheveux noirs tombant jusqu'aux talons. Pas de voitures; tous les transports s'effectuent au moyen de traîneaux à bœufs; et l'avant en est chargé d'un petit baril d'où l'eau s'échappant goutte à goutte empêche le bois de prendre feu.

Aimable Biscaye, braves Biscayens, vous m'avez plu!

Bordeaux, dimanche 7.

Figurez-vous que, terrassé de sommeil, j'avais interrompu cette lettre, à dessein de l'achever soit à Saint-Sébastien, soit à Bayonne. A Saint-Sébastien, impossible, car dès l'aube j'avais poussé jusqu'à la curieuse *Fontarabie*, d'où j'étais revenu à *Passages*, ce non moins curieux petit port intérieur dont les maisons semblent bâties dans l'eau. Henry m'y attendant, nous avions fait pédestrement la route de retour jusqu'à

Saint-Sébastien et, profitant des dernières lueurs du jour, nous avions gravi jusqu'au sommet du *Monte-Orgullo* (Mont-Orgu il) dont la vue est aussi variée qu'admirable ; après quoi, dîner, bâillements et coucher.

Vendredi, je devais prendre le train de neuf heures pour Biarritz, Henry demeurant un jour de plus à l'hôtel Escurra, dont la table a pour lui des charmes. Nous en sortons — assez longtemps d'avance, — donnant ordre que mes bagages soient conduits directement à la gare. Nous devions jusqu'au départ flâner vers la gracieuse place de la *Concha*. A la gare point de bagages, l'heure approche, rien encore ; l'ami Henry, l'obligeance même, se précipite à leur recherche. Mais c'est trop tard, le train s'ébranle et me voilà filant sans autre bagage que mes gants. Je savais bien que mon compagnon me rapporterait le tout à Bordeaux, mais je ne devais le rejoindre qu'après deux jours pleins et deux nuits et je n'avais pas même un parapluie. Impossible d'hésiter cependant, les trains sont rares et tout mon programme s'écroulait si j'avais tardé.

La visite de la douane fut ainsi pour moi bien simplifiée ; j'arrivai à la Négresse, battis Biarritz de fond en comble, gagnai à pied l'embouchure de l'Adour et le remontai jusqu'à Bayonne que j'ai pu encore parcourir avant la nuit. Mais ma lettre commencée, c'était Henry qui la détenait, et je n'avais pas le courage d'écrire longuement. D'ailleurs vous aviez ma dépêche d'Hendaye.

Je me mis entre les mains du coiffeur, ce qui, pour une fois, suppléait au peigne égaré : j'achetai une brosse à dents, et le lendemain matin, muni de cet ustensile, je partais pour Pau : j'en voyais le château et le parc, piquais sur Lourdes dont l'Église est touchante et bien située et revenait au berceau de Henri IV à point pour le coucher du soleil. Les nuages énormes qui, tout le jour et aussi la veille, avaient tourné autour de moi, respectant ma misère et l'absence de mon *paragon*, s'étaient complétement dissipés et m'ont permis de contempler longuement les neiges pyrénéennes dans leur plus merveilleuse splendeur. — Dîné ; ouï jusqu'à dix heures les convulsions musicales d'une princesse Ga...ine, échouée à mon hôtel. Avez-vous pas remarqué qu'il y a toujours une princesse Ga...ine quelconque dans ces endroits-là ; de même qu'il y a toujours aussi la grosse veuve qui a perdu sa fille unique ; bonne femme en noir, très commune, à qui vont tous les égards dus au malheur, et qui s'en fait une agréable petite existence. Elle y était, la grosse veuve ! —

Pris le train de minuit, arrivée après maint embranchement ce matin à Arcachon, visité activement la *pinada* deux heures durant, et débarqué tout à l'instant à Bordeaux où je retrouve ami, bagages et lettres.

Le courrier me presse, à demain. Il n'est pas impossible que ce que j'ai vu de mieux dans tout ce voyage d'Espagne ce soit... la terrasse de Pau.

F. DE LA M.

FIN

— 199 — Paris, Imprimerie Tolmer et Cie, 3, rue Madame.

www.ingramcontent.com/pod-product-compliance
Ingram Content Group UK Ltd.
Pitfield, Milton Keynes, MK11 3LW, UK
UKHW021104200726
13857UKWH00003B/1088